U0047880

世界第一簡單
物理數學

日本東京大學研究所理學系研究科副教授　馬場 彩◎著
清華大學物理系特聘教授　林秀豪◎審訂
衛宮紘◎譯
河村 万理◎作畫
オフィスsawa◎製作

Ohmsha

序　言

　　在歷史的長河中，物理學和數學總是共同發展著。然而，到高中為止，「物理」和「數學」都被歸類為不同的科目，少有機會體會到它們的「共同發展」。因此，在理工學系第一個學年的「物理數學」課堂上，經常會發生擅長數學的學生感到有所不足，而不擅長數學的學生覺得心力不足，甚至心生厭惡：「學這個有什麼用處？」的情形。老實說，筆者從高中時就不擅長數學，在剛進入大學時感到相當挫折，不但對大一數學的嚴密性、抽象性感到卻步，也不敢與擅長數學的同學交流，覺得自己像是被擊倒了。若當時能知曉課堂教授的數學，是如何描述妝點、表達敘述物理學的世界，或許就比較不會感到那麼痛苦吧。

　　本書的預設讀者是像筆者一樣「不太擅長數學，卻想要學習物理學」的學生，透過比高中程度再稍難的數學，深入淺出地連結物理學，讓大家能體會到物理學和數學息息相關，並盡可能收錄大量的物理學例題，輔以漫畫特有的生動圖繪，幫助讀者在腦中建構出數學所描述的物理學世界。期望各位讀者在閱讀本書後，不由得會興奮難耐地覺得：「感覺有點困難，但再加把勁就會懂了。」

　　最後，感謝歐姆社的津久井靖彥編輯給予我本次撰述的機會、河村万理畫家幫忙畫出與筆者相似的主角深谷君、オフィスsawa的同仁負責製作，以及柴田普平先生幫忙做最終校正。

馬場彩

目　次

第3章　單變數函數的微積分 ⋯⋯⋯⋯⋯⋯ 75

序幕

家庭教師的我變成她的學生！？

嗯……我記得對方想要學的是「物理……數學……」拜託你囉♪

不過，就算是吊車尾的我，若是高中程度的物理和數學，應該沒有問題……

叮咚

啪嗒 啪嗒
咚 踏 咚 踏
驚嚇

!?

讓你久等了！

啪——嗒！

5

對、對不起！
請容我推辭
家庭教師的工作！

轉身！

哎！！？？
馬上遭到拒絕！？？

該不會這個家
有地縛靈？怎
麼會這樣……

不……
沒有地縛靈……！

我教不來
物理數學！

我不擅長物理數學，大學
生活一片黑暗，感覺快要
掉下人生懸崖……

……？

老實說，我已經
跟不上課程內容了。

哈

7

因為從小喜歡理科……覺得「**物理好有趣！**」才努力考進大學物理學系……

$E=mc^2$

但是，上了大學才知道，**學習物理需要艱深的數學**……

哼！

高中數學靠硬背，還勉強能夠過關，但大學的數學變得非常困難……

如今完全跟不上內容，有點開始逃避現實……

唉……我在對高中生訴苦什麼啊。

總、總之，對現在的我來說，「物理數學」是最不擅長的科目。

緊握！

所以，我沒有辦法教妳！再會了！

臉紅轉身！

請你等一下。

換句話說，
學長的意思是這樣嗎？

我明明
只想要學物理，
卻得學艱深的數學！

這是什麼邏輯！！
我才不想碰數學！！

後退

不行
不行

痾！

對、對！
我就是
這個意思！

哎嘿

哼哼，
我以前也想過
同樣的事情。

但是，我現在知道了。
學習數學後，
物理會變得更加有趣！

燦笑——

是、
是這樣嗎？

好可愛……

心動

可是，數學
還是很難啊……
嗯……

9

那個，如果你不介意，我來教你物理數學吧。

咦！！

那個，很感謝妳的提議，但是……怎麼說……

猶豫不決

那、那當然求之不得，但是……這樣不行吧……

我是來當家庭教師的，卻反過來變成學生，這實在說不過去。

哇哇~

哈！該不會……

11

第 **1** 章

什麼是物理數學？

高中物理與大學物理的差異

到高中為止，「物理」和「數學」會分成不同的科目來教學。

物理老師　數學老師

是啊，測驗也是分開來考。

但是，「物理」和「數學」其實息息相關！

五指交扣

然後，學會艱難的數學後，就能一口氣解決各類物理問題！

這正是物理數學有趣的地方！

恭喜結婚——

物理

數學

哇！真的結婚了！但是……

對討厭數學的我來說，沒辦法真心給予祝福……！！

我不想承認它們的關係！

深谷學長意外地固執！？

那麼，
請回想一下～

在高中物理課
有做過這樣的
問題吧。

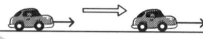
固定的加速度

彈簧

啊～
好懷念！

物體運動……
汽車行駛的問題、
彈簧振動的問題。

已知該車
做等加速度直線運動，
試問此時……。

沒錯！不過，
高中的物理問題，
肯定都會附加條件。

試問彈簧的……。
其中，假設空氣阻力可以忽略。

例如，
「以固定的加速度
直線行進」

「忽略
空氣阻力」
等等。

條件

給予某種條件
來**簡化問題**。

啊啊！
的確是這樣。

但是，
大學的物理問題就不同了！
必須討論更貼近
現實的物理現象。

討論具有複雜
加速度的
物體運動，

加速！

停止！

汽車實際上會加速、減速，產生加速度變化！

探討不忽略
空氣阻力的情況。

空氣
阻力～

在現實世界中，當然存在空氣阻力！

這樣啊！
不是簡化後的測驗型問
題，而是處理更加貼近
現實的實踐型問題。

感覺好像
很厲害……！

19

線性代數、向量與矩陣

首先介紹「**線性代數**」。

如下圖所示，**向量**可說是矩陣的一種形式。

・**矩陣**
・**向量**

在線性代數中，特別重要的概念有「**矩陣**」和「**向量**」！

矩陣

$(5 \ 3)$

和

$\begin{pmatrix} 5 \\ 3 \end{pmatrix}$

能夠轉為向量表達

向量

※向量可平行移動並做各種詮釋，細節請見第2章詳述。

啊啊，物理中經常出現「向量」。

向量是「表示**大小**和**方向**的物理量」！

是的。

例如，在表示速度的時候，除了「時速50km」的**大小**外，「向東北」等**方向**也是重要的元素。

向量

方向　向東北

大小

時速50km

順便一提，須要跟向量一起記起來的還有「**純量**」。

純量是「僅表示**大小**的物理量」，如質量、長度、溫度、時間……等。

嗯，我知道向量和純量。我喜歡向量簡單易懂的外觀。

嗯

嗯

純量

質量：1ｔ（噸）

其他還有長度、溫度、時間……等

但是……「**矩陣**」的外觀，就滿討厭的。

全部擠在一塊……像是一整箱的數字……嗯……

好討厭！

第1列　第2列　第3列

第1行

第2行

$$\begin{pmatrix} 1 & -2 & 4 \\ 5 & 8 & 2 \end{pmatrix}$$

2×3矩陣

哎呀！看不習慣的話，的確會覺得有點複雜難懂……

喔！

◆ 微積分

我記得……
高中數學也
有教微積分。

那麼，接著來
討論「微積分」。

簡單來說
就是這樣。

• **微分**……細微分割討論，由切線斜率求得變化率。

非常傾
斜！

不太傾斜

切線

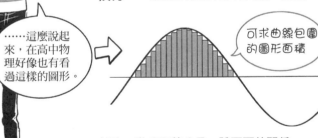

……這麼說起
來，在高中物
理好像也有看
過這樣的圖形。

• **積分**……集結分割物來求得面積、體積。

可求曲線包圍
的圖形面積

• 然後，微分和積分是一體兩面的關係。

也就是說，
微積分也跟
物理有關？

沒錯！

真的。
冷靜下來思考
「**微分**」的定義，
就會知道這是
理所當然的。

※細節請見P.91詳述。

打——————擊

哇！
這樣啊……

我只有
直接背公式，
沒有想過
用數學的微分
來連結。

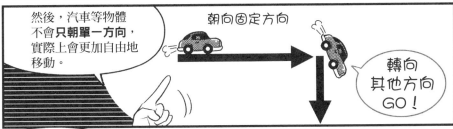

然後，汽車等物體
不會只朝單一方向，
實際上會更加自由地
移動。

朝向固定方向

轉向
其他方向
GO！

在討論像這樣
自由運動的物體時，

必須利用
「**多變數函數的
微積分**」。

顧名思義就是對
含有多個變數的
函數做微積分。

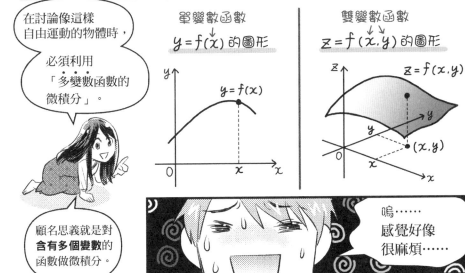

單變數函數
$y = f(x)$ 的圖形

$y = f(x)$

雙變數函數
$z = f(x, y)$ 的圖形

$z = f(x, y)$

(x, y)

嗚……
感覺好像
很麻煩……

向量廣泛
用於各處

……換句話說！

想要調查這些
領域的現象，
需要**向量分析**……

也就是
「向量的微積分」！

向量 分析

大小與方向　微分、積分

微積分學
又可稱為
數學分析學

嗚！還可以
這樣拆解！！

向量也牽扯到
微積分……！
好討厭啊～

但是、但是，
深谷學長！

• 為何**磁鐵**的N極和S極必定成對出現？

• **光**究竟是什麼？

• 拔掉浴缸塞時的**漩渦**是？

舉出

喔～！
對物理愛好者來說，
這些常見的物理現
象，非常吸引人。

好有趣……！
我想要瞭
解……！

熟練使用
向量分析後，
就能夠解釋
這些物理現象哦。

啊──的確，現實世界中可量測的數值，大多都是實際存在的數──**實數**。

距離 50m
電壓 100V
速度 2.5m/s
溫度 −10℃

對嘛，幹嘛一定要學帶有複數的函數……

揮手
揮手

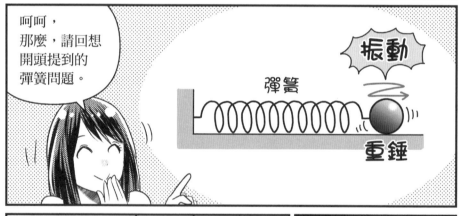

呵呵，那麼，請回想開頭提到的彈簧問題。

振動

彈簧

重錘

彈簧接上重錘拉長放開後，重錘就會**振動**。

振動

啊啊，高中有學過這個現象。

考慮空氣阻力後，感覺會變得很難……

空氣阻力

嗯～～

是的！
但、是，

若是利用**複數**，
即便考慮空氣阻力，
也能夠簡單地
求解問題哦！

唷唷！
這真厲害！

大驚！

哼哼哼

其實，
「彈簧、空氣阻力與
重錘」的問題可做各
種應用，

也可以解決下述
各種問題哦。

・陸橋、建築物的共振

在特定頻率下產生劇烈的
振動，造成陸橋坍塌、地
震時僅特定高度的建築物
發生大幅度搖晃等。

搖晃
搖晃

震源

哦——
還真多耶。

從常見的事物
到巨大的
建築物……！

・門弓器（damper）

門扉頂部的零組件，
可緩和關門時的衝擊。

・電力訊號的振盪

麥克風的
嘯叫現象等。

嗶

！

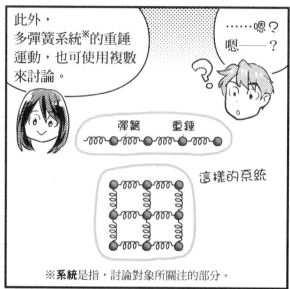

此外，
多彈簧系統※的重錘
運動，也可使用複數
來討論。

……嗯？
嗯——？

彈簧　重錘

這樣的系統

※**系統**是指，討論對象所關注的部分。

那個——
……老實說，
就算連結多條彈簧，
我也不怎麼有興趣，
感覺用不太到……

不、不！其實，
這是**簡化現實
系統時**常見的
思維。

• 如同蛇般扭動的繩子

彎彎曲曲

例如，
像是這樣
的運動——

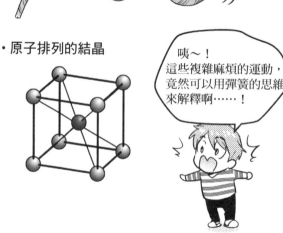

• 原子排列的結晶

咦～！
這些複雜麻煩的運動，
竟然可以用彈簧的思維
來解釋啊……！

讀高中時，
並不覺得求解
彈簧問題有趣
……

沒想到其實跟
許多現象相通～

哼

既有趣又美麗的物理世界

……大致的
說明就到這邊。

學會這些數學後，
最後就能抵達
既有趣又美麗的
物理世界哦——。

既有趣又美麗的物理世界

物理學中的數學基礎

必須一步一
腳印地學習

嘿咻

第5章　向量解析	第6章　複數
電磁學、流體力學	振動、交流電路

第4章　多變數函數的微積分
平面、空間中的運動

第2章　線性代數	第3章　單變數函數的微積分
相對論、聯立方程式	運動方程式、力與加速度

換句話說，
只要努力學習
物理數學，
就能夠一口氣
擴展可理解的
物理範圍嘛。

雖然不太喜歡數學，
但感覺開始湧現
幹勁了！

33

35

第 2 章

線性代數

那麼，如同學長所知，在物理學的世界，須要處理非——常廣泛且**多樣的物理量**。

加速度　力

然後，這些物理量可粗略分為兩類。

位置　能量　速度　磁場　溫度　波長

物理量	
質量	純量
距離	純量
速度	向量
速率	純量
加速度	向量
動量	向量
力	向量
能量、熱量	純量
溫度	純量
電場	向量
磁場	向量

分為**純量**和**向量**嗎？

純量僅具有「**大小**」，而向量是具有「**大小**」和「**方向**」的物理量（參見P.20）。

這我早就知道了。簡單！

哼嗙

留意!!

敬禮

好的。不過，還是得留意一下物理量。

在高中物理，「**速度**」「**速率**」「**加速度**」是完全不同的概念。

意思相近的「**熱量**」和「**溫度**」也是不一樣的東西。

即便認為已經知道了，為慎重起見，還是複習一下——

- **速度〔m/s〕**
物體在單位時間內位置移動的大小和方向。

- **速率〔m/s〕**
僅表示速度的大小。

- **加速度〔m/s^2〕**
速度在單位時間內變化的大小和方向。

- **熱量**
相當於能量，單位為J（焦耳）、cal（卡路里）。

- **溫度**
以數值表示的冷熱程度，單位為K（絕對溫度）、℃（攝氏溫度）等。

哇！的確，要是沒有多加注意，感覺挺容易搞混……

在高中的時候，我就曾經搞混「速度」「速率」「加速度」。

那麼，接著來討論汽車的「**速度**」。

一邊驅動這台迷你車，一邊學習吧～

拿出

◆ 向量的成分表示

那麼，先來說明**向量的成分**。已知某車以「**時速50km向北**」的**速度**行進。**速度屬於向量**，可表示為箭頭的線段。

如下圖所示，假設汽車行駛於「**向北為正的 x 軸、向西為正的 y 軸、向上為正的 z 軸」的三維直角坐標系統**上……則汽車速度〔km/h〕的 x 軸成分（v_x）為50、y 軸成分（v_y）為0、z 軸成分（v_z）為0。

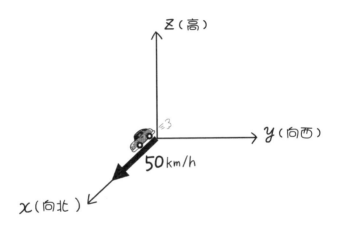

嗯哼，時速50km向北的速度，的確會是這樣的圖形。汽車不會飛到天上，所以 z 軸成分當然為0嘛。

然後，**速度向量 $\vec{v}$** [※] 可如下記為**三個純量的組合**，橫向列舉或者縱向列舉都可以哦～

$$\vec{v} = (v_x,\ v_y,\ v_z) = (50,\ 0,\ 0)$$

$$\vec{v} = \begin{pmatrix} v_x \\ v_y \\ v_z \end{pmatrix} = \begin{pmatrix} 50 \\ 0 \\ 0 \end{pmatrix}$$

※向量可表為粗體字（**A**）或者文字加上箭頭（$\vec{A}$），本書統一使用文字加上箭頭的符號。

喔——原來如此。
我瞭解**向量成分**的寫法了！

順帶一提，向量不受該車的出發點所影響，無論從東京巨蛋出發，還是從埃及金字塔頂端出發，**只要方向和大小不變**，向量的意義就全然相同。

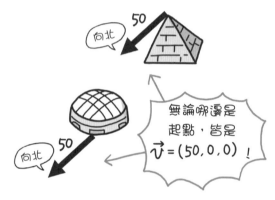

換句話說就是，**向量能夠平行移動**嘛。
不過……東京巨蛋、埃及金字塔的例子也太極端了吧！

 MEMO　　**線性代數≠向量＋矩陣」**

　　第2章標題的「**線性代數**」是指，處理線性（linear）運算的手法（向量空間、線性映射）。

　　在具體討論線性代數的時候，接下來學習的——矩陣、向量、本徵值（eigenvalue）、映射、座標轉換等概念尤為重要。

　　雖然本章主要是講解「向量、矩陣」……但請注意「**線性代數
≠向量＋矩陣**」。

向量的大小、單位向量、基向量

便利的向量可以表示大小和方向！然而，有的時候可能遇到「**只想表示大小**」「**只想表示方向**」的情況。

啊，這個我知道。想要表示**向量的大小**時，會使用「**絕對值**」。

沒錯。
如果採用**成分表示**，可如下利用三角形的畢氏定理，求出向量的大小。

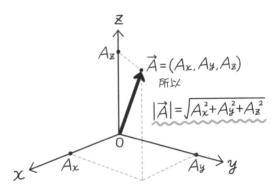

然後，只想要表示**向量的方向**時，會使用「**單位向量**」。單位向量對應**純量世界**※中的「1」，是非常方便好用的向量。
※可用平常使用的數字、實數表達的世界。

單位向量　$\vec{n} = \dfrac{\vec{A}}{|\vec{A}|}$

將向量 $\vec{A}$ 除以該向量的大小，可得「大小為1」的向量。

嗯哼……**使用單位向量表示方向真是方便**。
由速度和速率的差別可知：

- 想要表示速度（時速50km向北）時，會使用**向量**。
- 想要表示速率（時速50km）時，會使用**絕對值**求向量的大小。
- 只想要表示方向（向北）時，會使用**單位向量**。

然後，搭配向量的成分表示（A_x, A_y, A_z），與各軸方向的單位向量（$\vec{i}, \vec{j}, \vec{k}$），就可任意表示所有向量哦！
由下式應該不難理解「**基向量（basis vector）**」的意義。

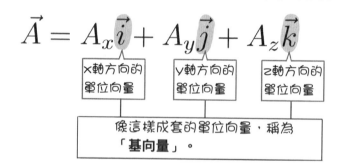

$$\vec{A} = A_x\vec{i} + A_y\vec{j} + A_z\vec{k}$$

| x軸方向的單位向量 | y軸方向的單位向量 | z軸方向的單位向量 |

像這樣成套的單位向量，稱為「基向量」。

啊啊，經常看到這種形式的式子。隨處可見呢！

現在討論的是相當於純量「1」的**單位向量**。
順便一提，也有相當於純量「0」的$\vec{0}$（**零向量**）。

$$\vec{A} + (-\vec{A}) = \vec{0}$$

零向量！

哈……$\vec{0}$的**大小為0、沒有明確方向**嘛。
感覺就像沒有取得學分，前途一片迷茫的我一樣……沒有用處。

不，零向量相當重要哦！0在算數中是不可欠缺的存在呢！
不過，$\vec{0}$跟0不太一樣，是所有成分為0的向量，如（0,0）、（0,0,0）等。

◆ 什麼是張量？

有些物理量更為複雜，無法以前面的純量與向量表（參見 P.39）來分類，如「**轉動慣量**」「**應變（strain）**」。

轉動慣量是指「物體旋轉時的容易程度」。

例）花式滑冰選手在定點旋轉的時候，將張開的雙臂（轉動慣量大）收合（轉動慣量小）可加快旋轉速度。

應變是指「物體受力時的變形程度」。

例）橡皮擦用力拉扯後，會橫寬變長、縱寬變短。

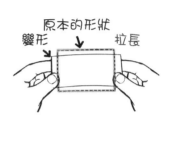

這類複雜的物理量需要使用「**張量**」來描述。在下述的例子，張量具有3×3＝**9個成分**：（$xx, xy, xz, yx, yy, yz, zx, zy, zz$）。

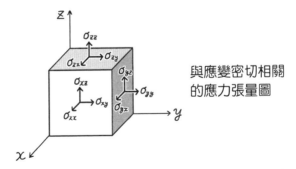

與應變密切相關的應力張量圖

啊——**三個面分別有三個方向的成分**，所以3×3＝9個成分，會產生大量的箭頭……！

順便一提，純量是**零階張量**、向量是**一階張量**。
然後，3×3＝9個成分的張量，稱為**二階張量**哦。

45

◆ 矩陣的概念

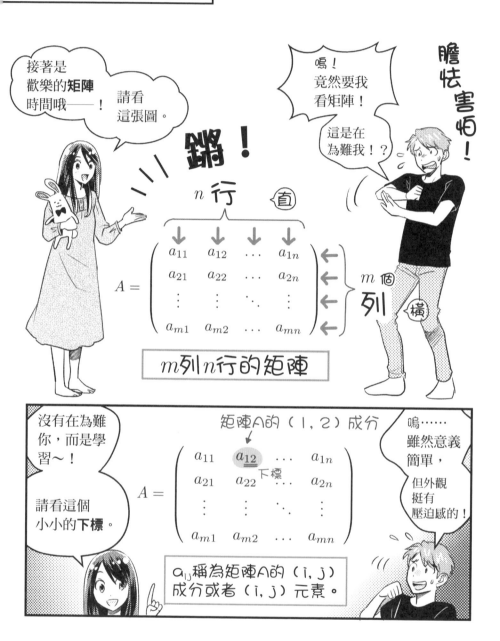

47

2 向量運算、矩陣運算

接著來說明**向量及矩陣的運算**。

加法、減法、乘法……的運算方式。

向量須要搭配圖形來理解。

砰！

喔喔喔！

砰！

$$\begin{pmatrix} a_{11} & \cdots & a_{1m} \\ \vdots & \ddots & \vdots \\ a_{l1} & \cdots & a_{lm} \end{pmatrix} \begin{pmatrix} b_{11} & \cdots & b_{1n} \\ \vdots & \ddots & \vdots \\ b_{m1} & \cdots & b_{mn} \end{pmatrix} = \begin{pmatrix} c_{11} & \cdots & c_{1n} \\ \vdots & \ddots & \vdots \\ c_{l1} & \cdots & c_{ln} \end{pmatrix}$$

法則掌握！

矩陣
看起來複雜，
但掌握
運算法則後，
就易如反掌。

患有**矩陣厭惡症候群**的深谷學長，也拿起紙筆實際寫下來練習吧——

什麼時候有這個病名了！！

Let's Go~

49

理解向量、矩陣的運算方法

◇向量的常數倍（純量倍）

首先討論向量的常數倍（純量倍）。

將時速50km向北行駛的車速增為2倍，則向北的速度成分會變成100km，但向西、向上的速度仍舊是時速0km。

同理，將向量 $\vec{A} = (A_x,\ A_y,\ A_z)$ 增為 α 倍，可如下運算：

$$\alpha\vec{A} = \alpha(A_x,\ A_y,\ A_z) = (\alpha A_x,\ \alpha A_y,\ \alpha A_z)$$

◇向量的加法

接著討論向量的加法 $\vec{A}+\vec{B}$。如圖1所示，當2個箭頭的起點相同，會不曉得怎麼做加法。然而，向量可以做平行移動來改變起點。

因此，如圖2所示，試著將 $\vec{A}$ 的終點對齊 $\vec{B}$ 的起點。

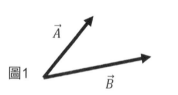

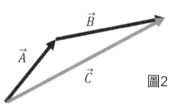

如此一來，先沿著 $\vec{A}$ 的大小和方向前進，再沿著 $\vec{B}$ 的大小和方向前進，就會是欲求的 $\vec{A}+\vec{B}=\vec{C}$，可如圖2畫出 $\vec{C}$。

回來討論汽車的問題，假設以時速50km向北（x 方向）行駛的同時，加入時速20km向西（y 方向）的速度。新速度的 x 成分維持時速50km，而 y 成分另外加上了20km。

同理，$\vec{A} = (A_x,\ A_y,\ A_z)$ 和 $\vec{B} = (B_x,\ B_y,\ B_z)$ 的相加結果 $\vec{C}$，會是各軸成分相加的向量：

$$\vec{C} = \vec{A} + \vec{B} = (A_x + B_x, A_y + B_y, A_z + B_z)$$

換成 $\vec{A}=A_x\vec{i}+A_y\vec{j}+A_z\vec{k}$、$\vec{B}=B_x\vec{i}+B_y\vec{j}+B_z\vec{k}$ 來討論，可知是各基向量的加法。

◇向量的減法

接著討論減法 $\vec{D}=\vec{A}-\vec{B}$。套用向量的常數倍，假設 $\alpha=-1$後，可改寫為 $\vec{D}=\vec{A}+(-1)\times\vec{B}$。

如此一來，可做跟加法一樣的運算。

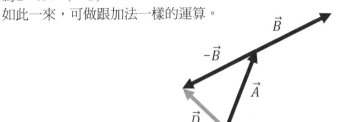

◇矩陣和純量的乘法、矩陣和矩陣的加減法

同理也可做矩陣和純量的乘法、矩陣和矩陣的加法。純量 α 和矩陣 A的相乘結果，會是所有成分乘以 α 的矩陣：

$$\alpha A = \alpha \begin{pmatrix} a_{11} & a_{12} & \cdots & a_{1n} \\ a_{21} & a_{22} & \cdots & a_{2n} \\ \vdots & \vdots & \ddots & \vdots \\ a_{m1} & a_{m2} & \cdots & a_{mn} \end{pmatrix} = \begin{pmatrix} \alpha a_{11} & \alpha a_{12} & \cdots & \alpha a_{1n} \\ \alpha a_{21} & \alpha a_{22} & \cdots & \alpha a_{2n} \\ \vdots & \vdots & \ddots & \vdots \\ \alpha a_{m1} & \alpha a_{m2} & \cdots & \alpha a_{mn} \end{pmatrix}$$

僅列數、行數相同的矩陣才可做加法，矩陣 $A+$ 矩陣 B 會是各個成分相加的 m 行 n 列矩陣：

$$A+B = \begin{pmatrix} a_{11} & a_{12} & \cdots & a_{1n} \\ a_{21} & a_{22} & \cdots & a_{2n} \\ \vdots & \vdots & \ddots & \vdots \\ a_{m1} & a_{m2} & \cdots & a_{mn} \end{pmatrix} + \begin{pmatrix} b_{11} & b_{12} & \cdots & b_{1n} \\ b_{21} & b_{22} & \cdots & b_{2n} \\ \vdots & \vdots & \ddots & \vdots \\ b_{m1} & b_{m2} & \cdots & b_{mn} \end{pmatrix}$$

$$= \begin{pmatrix} a_{11}+b_{11} & a_{12}+b_{12} & \cdots & a_{1n}+b_{1n} \\ a_{21}+b_{21} & a_{22}+b_{22} & \cdots & a_{2n}+b_{2n} \\ \vdots & \vdots & \ddots & \vdots \\ a_{m1}+b_{m1} & a_{m2}+b_{m2} & \cdots & a_{mn}+b_{mn} \end{pmatrix}$$

矩陣 $A-$ 矩陣 B的減法會是各個成分相減的矩陣，若想成「加上各矩陣成分帶上負號的矩陣」，就變成與加法相同的概念。

◇矩陣的乘積

接著討論矩陣的乘積 $C = AB$。僅 A 的行數等於 B 的列數才可做乘法，當 $A =（a_{ij}）$ 為 $l \times m$ 矩陣、$B =（b_{ij}）$ 為 $m \times n$ 矩陣，乘積 C 會是 $l \times n$ 矩陣：

$$c_{ij} = a_{i1}b_{1j} + a_{i2}b_{2j} + \ldots + a_{im}b_{mj} = \Sigma_{k=1}^{m} a_{ik}b_{kj} \ (i = 1, 2, \ldots, l \ ; j = 1, 2, \ldots, n)$$

矩陣的形式可寫成：

$$C = \begin{pmatrix} \Sigma_{k=1}^{m} a_{1k}b_{k1} & \Sigma_{k=1}^{m} a_{1k}b_{k2} & \ldots & \Sigma_{k=1}^{m} a_{1k}b_{kn} \\ \Sigma_{k=1}^{m} a_{2k}b_{k1} & \Sigma_{k=1}^{m} a_{2k}b_{k2} & \ldots & \Sigma_{k=1}^{m} a_{2k}b_{kn} \\ \vdots & \vdots & \ddots & \vdots \\ \Sigma_{k=1}^{m} a_{lk}b_{k1} & \Sigma_{k=1}^{m} a_{lk}b_{k2} & \ldots & \Sigma_{k=1}^{m} a_{lk}b_{kn} \end{pmatrix}$$

雖然看起來複雜，但只要掌握法則就易如反掌。請見下圖：

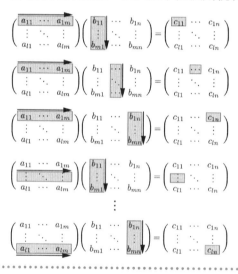

將矩陣 A 不斷拆解成各個橫列、矩陣 B 不斷拆解成各個縱行，A 的第1列元素分別乘以 B 相同數量的第1行元素，再全部相加就是 C 的第1列第1行元素。

接著，同樣將 A 的第1列元素分別乘以 B 相同數量的第2行元素，再全部相加就是 C 的第1列第2行元素。不斷與 B 的第 n 行元素運算後，就得到 C 的第1列元素。

對 A 的第2列做同樣的事情，完成 C 的第2列元素。依樣畫葫蘆運算到最後，就可得到矩陣的乘積。

跟純量一樣，矩陣也有運算法則：

加法交換律：$A + B = B + A$
加法結合律：$(A + B) + C = A + (B + C)$
乘法結合律：$(AB)C = A(BC)$　　乘法交換律通常不成立：$AB \neq BA$
　常數倍：假設 a、b 為常數，$(ab)A = a(bA)$, $a(AB) = (aA)B = A(aB)$
　分配律：假設 a、b 為常數，$A(B + C) = AB + AC$, $(A + B)C = AC + BC$,
　　　　$a(A + B) = aA + aB$, $(a + b)A = aA + bA$
矩陣轉置：$(A^t)^t = A$, $(A + B)^t = A^t + B^t$, $(aA)^t = aA^t$, $(AB)^t = B^t A^t$

 ## 什麼是反矩陣（逆矩陣）？

 這邊還有一個絕對要記住的矩陣。
那就是「**反矩陣**」！

請看下面的矩陣式子──**矩陣A和矩陣B的乘法**。
此兩矩陣的乘積結果……不覺得很眼熟嗎？

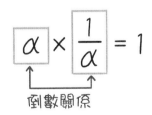

矩陣A　　矩陣B

$$\begin{pmatrix} 1 & 2 \\ 3 & 4 \end{pmatrix} \times \begin{pmatrix} -2 & 1 \\ \frac{3}{2} & -\frac{1}{2} \end{pmatrix} = \begin{pmatrix} 1 & 0 \\ 0 & 1 \end{pmatrix}$$

 啊！乘積結果是相當於「1」的**單位矩陣E**（參見P.47）！

 沒錯，這個非常重要！**反矩陣的定義**如下所示。
換句話說，矩陣B可說是A的**反矩陣A^{-1}**。

關於**方陣A**（行數、列數相同的矩陣），
若存在滿足「$AB=BA=E$（單位矩陣）」的方陣B，則
「**矩陣A可逆**」。B稱為A的**反矩陣**，符號記為A^{-1}。

 嘿！這個反矩陣感覺像是「**倒數**」，就像3的倒數是$\frac{1}{3}$。

$$\boxed{\alpha} \times \boxed{\frac{1}{\alpha}} = 1$$

倒數關係

 嗯，沒錯。這個反矩陣是**可用於各種場面的重要矩陣**。漏掉它
會非常困擾，就像煮好咖哩卻忘了煮飯一樣！
一定要確實記住哦。

簡化聯立方程式

接著來看**矩陣的真正價值**！

雖然前面一直沒有明說……但其實……

是、是什麼？

其實……使用矩陣後，能夠「**簡單聰明地求解聯立方程式！**」哦～！

好厲～害！

唉──感覺反而會變得更複雜耶……

嘿嘿

哎唷，就聽我講下去嘛。

例如已知**未知數** x_1、……、x_n 滿足下述聯立方程式。

$$\begin{cases} a_{11}x_1 + a_{12}x_2 + \ldots + a_{1n}x_n = b_1 \\ a_{21}x_1 + a_{22}x_2 + \ldots + a_{2n}x_n = b_2 \\ \vdots \\ a_{n1}x_1 + a_{n2}x_2 + \ldots + a_{nn}x_n = b_n \end{cases}$$

嗯──n 個**變數**配上 n 條**式子**，理論上能夠解出來……

但感覺很麻煩……一點都不想。

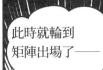

此時就輪到矩陣出場了——！

矩陣君！

砰！

嘗試使用**矩陣**表達 n 條式子的聯立方程式吧。

你看！這樣就變成1條方程式了！

$$A = \begin{pmatrix} a_{11} & a_{12} & \cdots & a_{1n} \\ a_{21} & a_{22} & \cdots & a_{2n} \\ \vdots & \vdots & \ddots & \vdots \\ a_{n1} & a_{n2} & \cdots & a_{nn} \end{pmatrix}, \quad \vec{x} = \begin{pmatrix} x_1 \\ x_2 \\ \vdots \\ x_n \end{pmatrix}, \quad \vec{b} = \begin{pmatrix} b_1 \\ b_2 \\ \vdots \\ b_n \end{pmatrix}$$

整理後……可寫成 $\boxed{A\vec{x} = \vec{b}}$ ！

喔喔！？好簡潔！

n 條式子竟然變成只有1條式子！

然後，使用剛才的**反矩陣**！

跟使用**倒數**求解方程式的步驟一樣——

哦——！的確能夠簡潔輕鬆地求得**聯立一次方程式的解**※耶～！

嗯嗯

$$3x = 6$$

兩邊同乘以3的倒數 $\frac{1}{3}$ ……

$$x = 2$$

$$A\vec{x} = \vec{b}$$

矩陣　常數向量（相當於常數）

兩邊同乘以 A 的反矩陣 A^{-1} ……

$$\vec{x} = A^{-1}\vec{b}$$

※**反矩陣 A^{-1}** 的具體計算方式請見P.68詳述。

55

 問題　**彈簧與重錘的問題**

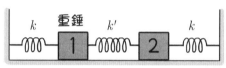

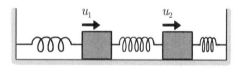

如上圖所示，在牆壁之間以3條彈簧（彈力係數k、k'、k）連結2個可忽略大小的重錘（質量m），討論該系統下的重錘運動。
已知重錘偏離平衡位置的位移為$v_1(t)$、$v_2(t)$。

哇～突然就出問題……
嗯……物體的運動要使用**運動方程式**。
然後，彈簧問題也要回想**簡諧運動公式**……

嗯，沒錯。這次的重點是……**使用矩陣表達**複雜的聯立方程式，轉為**1條簡潔單純的方程式**！
思考方式如下頁所示。

順便一提，此問題可再一般化為「**以彈力係數k的彈簧連結n個質量m的重錘系統**」。
這是在描述**結晶中的原子運動**時，經常使用的模型。

牆壁、重錘的受力分別為（假設向右為正）：

第1條彈簧左邊牆壁的作用力＝－（第1條彈簧對重錘1的作用力）＝$ku_1(t)$

第2條彈簧對重錘1的作用力＝－（第2條彈簧對重錘2的作用力）

$$= k'\{u_2(t) - u_1(t)\}$$

第3條彈簧對重錘2的作用力＝－（第3條彈簧對右邊牆壁的作用力）＝$-ku_2(t)$

由運動方程式　$F = ma = m\dfrac{d^2x}{dt^2}$　可知：

$$m\frac{d^2 u_1}{dt^2} = -(k+k')u_1 + k'u_2$$

$$m\frac{d^2 u_2}{dt^2} = k'u_1 - (k+k')u_2$$

其中，假設重錘的位移$v_1(t)$、$v_2(t)$是，以相同角頻率ω振動的簡諧運動解：

簡諧運動的公式
$\chi(t) = A\cos(\omega t + \theta)$

$$u_1(t) = U_1 \cos(\omega t + \alpha)$$

$$u_2(t) = U_2 \cos(\omega t + \alpha)$$

因為　$\dfrac{d^2 u_1}{dt^2} = -\omega^2 U_1 \cos(\omega t + \alpha) = -\omega^2 u_1(t)$、$\dfrac{d^2 u_2}{dt^2} = -\omega^2 u_2(t)$，運動方程式可改寫成：

簡諧運動的加速度
$a = -\omega^2 \underset{變位}{\underline{\chi}}$

$$-m\omega^2 U_1 = -(k+k')U_1 + k'U_2$$

$$-m\omega^2 U_2 = k'U_1 - (k+k')U_2$$

換言之，僅需要求解下述聯立方程式：

$$(k+k')U_1 - k'U_2 = m\omega^2 U_1$$

$$-k'U_1 + (k+k')U_2 = m\omega^2 U_2$$

令
$$A = \begin{pmatrix} k+k' & -k' \\ -k' & k+k' \end{pmatrix}$$

$$\vec{U} = \begin{pmatrix} U_1 \\ U_2 \end{pmatrix}$$

聯立方程式便可簡化為單純的式子：

$$A\vec{U} = m\omega^2 \vec{U}$$

※該式後續的求解步驟，請見P.71【彈簧與重錘問題 後篇】詳述。

◆ **轉換後更容易理解**

在求解方程式時，矩陣君非常活躍……

但還有其他便利的用法。

其實……矩陣也可用於「座標轉換」，非常方便！

座標轉換

閃亮亮

我記得……**座標**……是這樣的概念。

二維 **直角坐標**

三維 **直角坐標**

使用角度 θ 的 **極坐標**

沒錯。這邊繼續沿用汽車的例子～

在**座標上表示行駛道路的汽車**時，使用什麼座標系統比較妥當？

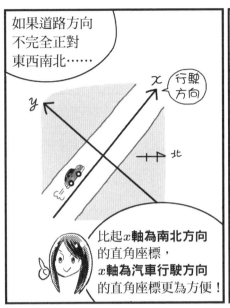

如果道路方向
不完全正對
東西南北……

行駛
方向

北

比起x軸為南北方向
的直角座標，
x軸為汽車行駛方向
的直角座標更為方便！

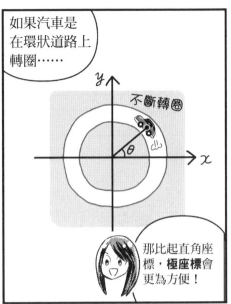

如果汽車是
在環狀道路上
轉圈……

不斷轉圈

那比起直角座
標，**極座標會**
更為方便！

哦～！意思是
要根據情況使
用**適當的座標
系統**嗎？

點
(x',y')

點
(x,y)

像這樣
想從某座標系統
移動至其他
座標系統時，

或是想將點移動
到座標空間上的
某處時，使用矩
陣會非常方便♪

然後，如果行駛汽車
的位置發生改變，
也會想要移動描述
汽車位置的點吧。

矩陣君！！

$\begin{pmatrix} a_{11} & a_{12} \\ a_{21} & a_{22} \end{pmatrix}$

上吧上吧

這個也可
用矩陣
簡單轉換。

59

使用矩陣轉換的方法

〈縮放〉

接著,來說明使用矩陣轉換的方法。

假設座標平面圖形上的任意一點為 (x', y'),欲將圖形**向 x 軸縮放 α 倍、向 y 軸縮放 β 倍**。(α、β 大於1為**放大**;α、β 小於1為**縮小**)

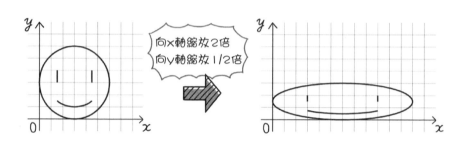

令轉換後的點為 (x', y'),則

$$x' = \alpha x$$
$$y' = \beta y$$

如下改寫成矩陣:

$$\begin{pmatrix} x' \\ y' \end{pmatrix} = \begin{pmatrix} \alpha & 0 \\ 0 & \beta \end{pmatrix} \begin{pmatrix} x \\ y \end{pmatrix}$$

〈旋轉〉

接著,討論旋轉角度 θ 的旋轉情況,由向量 (x, y) 轉為 (x', y') 的轉換,如下圖所示:

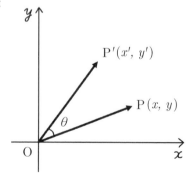

如下改寫成矩陣：

$$\begin{pmatrix} x' \\ y' \end{pmatrix} = \begin{pmatrix} \cos\theta \cdot x - \sin\theta \cdot y \\ \sin\theta \cdot x + \cos\theta \cdot y \end{pmatrix} = \begin{pmatrix} \cos\theta & -\sin\theta \\ \sin\theta & \cos\theta \end{pmatrix} \begin{pmatrix} x \\ y \end{pmatrix} \equiv R(\theta) \begin{pmatrix} x \\ y \end{pmatrix}$$

定義為　表示旋轉

旋轉矩陣

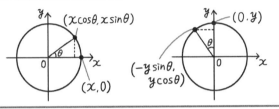

請回顧三角函數：
$(x, 0)$ 旋轉 θ 後為 $(x\cos\theta, x\sin\theta)$、
$(0, y)$ 旋轉 θ 後為 $(-y\sin\theta, y\cos\theta)$。
上面僅是組合這些的矩陣。

〈座標軸的旋轉〉

接著來看如何**旋轉座標軸**吧。

如下圖所示，討論從「xy 空間」轉換為繞原點O旋轉角度 θ 的「$x'y'$ 空間」，假設點 (x, y) 在新的座標空間中為 (x', y')。

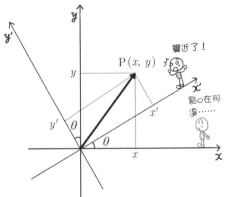

此時，**從新座標軸來看點P (x, y)，相當於旋轉角度 $-\theta$**。因此，可如下表示：

$$\begin{pmatrix} x' \\ y' \end{pmatrix} = R(-\theta) \begin{pmatrix} x \\ y \end{pmatrix} = \begin{pmatrix} \cos\theta & \sin\theta \\ -\sin\theta & \cos\theta \end{pmatrix} \begin{pmatrix} x \\ y \end{pmatrix}$$

61

〈三維空間的旋轉〉

三維空間也是同樣的情況。

如下圖所示，討論 $P(x, y, z)$ **繞 z 軸旋轉角度** θ_z 的情況。

此時，在旋轉前後，**向量的 z 成分大小不變。**

xy 平面的投影向量會做如在二維空間中的旋轉。

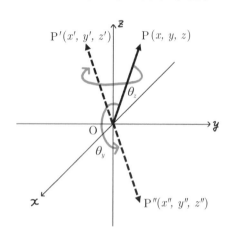

因此，可如下表示：

$$\begin{pmatrix} x' \\ y' \\ z' \end{pmatrix} = R_z(\theta_z) \begin{pmatrix} x \\ y \\ z \end{pmatrix} = \begin{pmatrix} \cos\theta_z & -\sin\theta_z & 0 \\ \sin\theta_z & \cos\theta_z & 0 \\ 0 & 0 & 1 \end{pmatrix} \begin{pmatrix} x \\ y \\ z \end{pmatrix}$$

同理，**繞 y 軸旋轉角度** θ_y 時，可如下表示：

$$\begin{pmatrix} x'' \\ y'' \\ z'' \end{pmatrix} = R_y(\theta_y) \begin{pmatrix} x \\ y \\ z \end{pmatrix} = \begin{pmatrix} \cos\theta_y & 0 & \sin\theta_y \\ 0 & 1 & 0 \\ -\sin\theta_y & 0 & \cos\theta_y \end{pmatrix} \begin{pmatrix} x \\ y \\ z \end{pmatrix}$$

綜上所述，**利用矩陣可將點移動至空間中的任意位置。**

 ◆ 什麼是映射？

 前面學習了使用矩陣的**縮放、旋轉**。

除了**相同向量空間**的向量轉換外，也可討論「**從特定向量空間轉換至其他向量空間**」。

※在轉換前後的空間，空間內的所有點都可用向量表示。

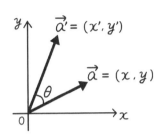

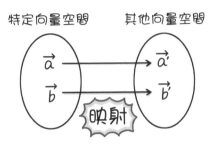

 這種轉換稱為「**映射**」，意象如上圖所示。

 哼——不是單一向量的轉換，而是討論**整個空間的轉換**。然後，運算時**須要使用矩陣來做映射**。

 沒錯。另外，將n維向量空間記為R^n後……**$m \times n$矩陣**可視為**從n維空間至m維空間的映射**。文字敘述或許不太好懂，但可透過下圖來幫助理解。

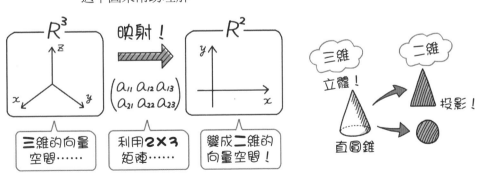

 哦——在轉換前後，也有**維度改變**的情況啊。

這樣一來，任意立體物的影子就可視為「從三維空間的立體物至二維空間的映射」。遇到有關影子的物理問題，就可以從映射的角度來解題～。

瞭解本徵值、本徵向量的意義

終於要講今天最後的主題了！

我們要來討論「**本徵值、本徵向量**」。

啊，在大學課堂上好像有聽過。

但是……有聽沒有懂……

那麼，深谷學長就仔細聆聽接下來的講解吧。

首先，「**本徵向量**」是指，「對某矩陣來說特別的向量」。

你對我來說是特別的向量喔！

$\begin{pmatrix} a_{11} & a_{12} \\ a_{21} & a_{22} \end{pmatrix}$

？？
嗯？
特別……？跟其他向量有什麼不同……

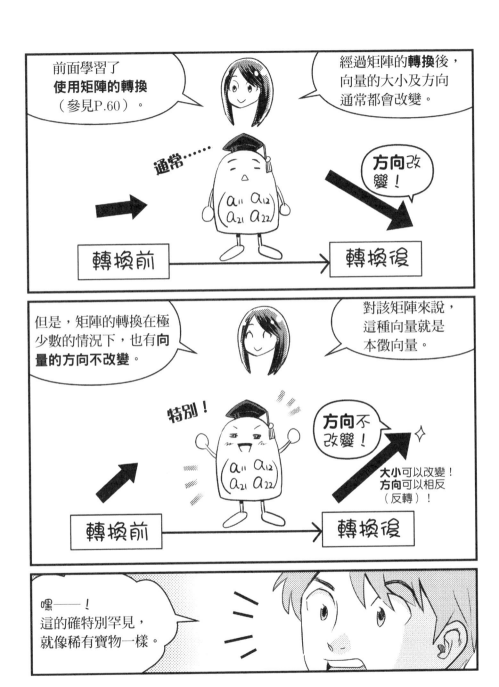

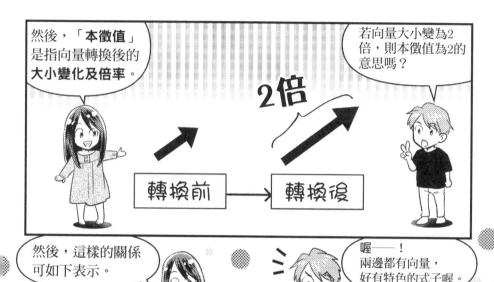

然後，「**本徵值**」是指向量轉換後的**大小變化及倍率**。

若向量大小變為2倍，則本徵值為2的意思嗎？

然後，這樣的關係可如下表示。

喔——！兩邊都有向量，好有特色的式子喔。

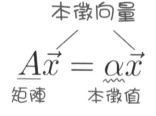

本徵向量

$$A\vec{x} = \alpha\vec{x}$$

矩陣　　本徵值

這條式子的意思是……

本徵向量$\vec{x}$經由矩陣A轉換，向量的方向並沒有改變（大小可以改變）。

順便一提，根據矩陣會有不一樣數量的本徵值及本徵向量。

如果是元素含有**複數**，也有可能是**0個**哦——。

※**n次方陣**通常有**n個**本徵值和本徵向量。

嗚……0個的情況，感覺挺可憐的……

67

求反矩陣就是求解方程式

接著，稍微言歸正傳（參見P.55）。

前面使用矩陣求解聯立方程式時，解會是這樣的形式：

$$\vec{x} = A^{-1}\vec{b}$$

該怎麼求這個「反矩陣A^{-1}」呢？

我們會想要知道算法，在意到晚上睡不著覺吧～？

不，我沒有很在意！

咦？這是**聯立方程式的一般解**嘛……

該不會……**要求出反矩陣才有辦法得到方程式的解**？

真的假的！這樣的話，我得好好學習才行……

哼哼哼。那麼，就趕緊來學反矩陣的求法，有普通的「**求解聯立方程式**」和簡化的「**高斯消去法（Gaussian Elimination）**」。

例如，欲求矩陣 $\begin{pmatrix} 2 & 3 \\ -1 & 2 \end{pmatrix}$ 的**反矩陣**時，需要找出滿足

$\begin{pmatrix} 2 & 3 \\ -1 & 2 \end{pmatrix} \begin{pmatrix} x_{11} & x_{12} \\ x_{21} & x_{22} \end{pmatrix} = \begin{pmatrix} 1 & 0 \\ 0 & 1 \end{pmatrix}$ 的 x_{11}、x_{12}、x_{21}、x_{22}。具體

來說該如何操作呢？

高斯消去法是將矩陣 $\begin{pmatrix} 2 & 3 \\ -1 & 2 \end{pmatrix}$ **轉為單位矩陣**，推導成下頁圖

示的**最終形式**，來求得反矩陣。

起始形式 $\begin{pmatrix} 2 & 3 \\ -1 & 2 \end{pmatrix}\begin{pmatrix} x_{11} & x_{12} \\ x_{21} & x_{22} \end{pmatrix} = \begin{pmatrix} 1 & 0 \\ 0 & 1 \end{pmatrix}$

最終形式 $\begin{pmatrix} 1 & 0 \\ 0 & 1 \end{pmatrix}\begin{pmatrix} x_{11} & x_{12} \\ x_{21} & x_{22} \end{pmatrix} = \begin{pmatrix} \frac{2}{7} & -\frac{3}{7} \\ \frac{1}{7} & \frac{2}{7} \end{pmatrix}$

單位矩陣　這個部分不變，也可直接省略。　求得反矩陣！

〈實際推導〉

求解聯立方程式的方法　　　　高斯消去法

$2x_{11}+3x_{21}=1,\quad 2x_{12}+3x_{22}=0$
$-1x_{11}+2x_{21}=0,\quad -1x_{12}+2x_{22}=1$

$\begin{pmatrix} 2 & 3 \\ -1 & 2 \end{pmatrix}\begin{pmatrix} x_{11} & x_{12} \\ x_{21} & x_{22} \end{pmatrix}=\begin{pmatrix} 1 & 0 \\ 0 & 1 \end{pmatrix}$

下式乘以 -2

$2x_{11}+3x_{21}=1,\quad 2x_{12}+3x_{22}=0$
$2x_{11}-4x_{21}=0,\quad 2x_{12}-4x_{22}=-2$

$\begin{pmatrix} 2 & 3 \\ 2 & -4 \end{pmatrix}\begin{pmatrix} x_{11} & x_{12} \\ x_{21} & x_{22} \end{pmatrix}=\begin{pmatrix} 1 & 0 \\ 0 & -2 \end{pmatrix}$

下式減去上式

$2x_{11}+3x_{21}=1,\quad 2x_{12}+3x_{22}=0$
$0x_{11}-7x_{21}=-1,\quad 0x_{12}-7x_{22}=-2$

$\begin{pmatrix} 2 & 3 \\ 0 & -7 \end{pmatrix}\begin{pmatrix} x_{11} & x_{12} \\ x_{21} & x_{22} \end{pmatrix}=\begin{pmatrix} 1 & 0 \\ -1 & -2 \end{pmatrix}$

下式乘以 $-1/7$

$2x_{11}+3x_{21}=1,\quad 2x_{12}+3x_{22}=0$
$0x_{11}+1x_{21}=\frac{1}{7},\quad 0x_{12}+1x_{22}=\frac{2}{7}$

$\begin{pmatrix} 2 & 3 \\ 0 & 1 \end{pmatrix}\begin{pmatrix} x_{11} & x_{12} \\ x_{21} & x_{22} \end{pmatrix}=\begin{pmatrix} 1 & 0 \\ \frac{1}{7} & \frac{2}{7} \end{pmatrix}$

上式乘以 $1/3$

$\frac{2}{3}x_{11}+1x_{21}=\frac{1}{3},\quad \frac{2}{3}x_{12}+1x_{22}=0$
$0x_{11}+1x_{21}=\frac{1}{7},\quad 0x_{12}+1x_{22}=\frac{2}{7}$

$\begin{pmatrix} \frac{2}{3} & 1 \\ 0 & 1 \end{pmatrix}\begin{pmatrix} x_{11} & x_{12} \\ x_{21} & x_{22} \end{pmatrix}=\begin{pmatrix} \frac{1}{3} & 0 \\ \frac{1}{7} & \frac{2}{7} \end{pmatrix}$

上式減去下式

$\frac{2}{3}x_{11}+0x_{21}=\frac{4}{21},\quad \frac{2}{3}x_{12}+0x_{22}=-\frac{2}{7}$
$0x_{11}+1x_{21}=\frac{1}{7},\quad 0x_{12}+1x_{22}=\frac{2}{7}$

$\begin{pmatrix} \frac{2}{3} & 0 \\ 0 & 1 \end{pmatrix}\begin{pmatrix} x_{11} & x_{12} \\ x_{21} & x_{22} \end{pmatrix}=\begin{pmatrix} \frac{4}{21} & -\frac{2}{7} \\ \frac{1}{7} & \frac{2}{7} \end{pmatrix}$

反矩陣！

上式乘以 $3/2$

$1x_{11}+0x_{21}=\frac{2}{7},\quad 1x_{12}+0x_{22}=-\frac{3}{7}$
$0x_{11}+1x_{21}=\frac{1}{7},\quad 0x_{12}+1x_{22}=\frac{2}{7}$

$\begin{pmatrix} 1 & 0 \\ 0 & 1 \end{pmatrix}\begin{pmatrix} x_{11} & x_{12} \\ x_{21} & x_{22} \end{pmatrix}=\begin{pmatrix} \frac{2}{7} & -\frac{3}{7} \\ \frac{1}{7} & \frac{2}{7} \end{pmatrix}$

 哦——！「**統整數字後相減**」就漂亮地變成「0」，給人一股掃除乾淨的印象。

◆ 以矩陣檢查有沒有反矩陣

關於高斯消去法,這邊也來介紹便利的公式。
這個**求反矩陣的公式**只適用於**2×2矩陣**——:

$$\begin{pmatrix} x_{11} & x_{12} \\ x_{21} & x_{22} \end{pmatrix}^{-1} = \frac{1}{x_{11}x_{22} - x_{12}x_{21}} \begin{pmatrix} x_{22} & -x_{12} \\ -x_{21} & x_{11} \end{pmatrix}$$

> 求反矩陣的公式(僅適用2×2矩陣)

雖然是非常方便的公式,但須要注意幾個地方。
在求解方程式時,有時會碰到「**無解**」的情況。
同樣地,反矩陣也有無解的情況,也就是**不存在反矩陣的
情況**。

咦!做了各種計算卻沒有答案,那不是虧大了嗎!?

不用擔心哦。我們能夠簡單檢查**有沒有反矩陣**!
以2×2矩陣為例,如果上述公式中分數的分母「$x_{11}x_{22} - x_{12}x_{21}$」
為0,該矩陣就沒有反矩陣,因為不可能存在分母為0的數學
式。

$$\det A \equiv |A| \equiv x_{11}x_{22} - x_{12}x_{21} \quad (僅適用2×2矩陣)$$

意為「矩陣A的
行列式」。

★ $\det A = 0$ 時,
矩陣A沒有反矩陣。

如上定義後,**det A**可當作該矩陣有沒有反矩陣的指標。
這個$\det A$就稱為「**行列式**」。
※det是由「定義為」的英文determine,衍伸行列式的英文determinant。

哦——原來如此。**若「$\det A$」為0,則不存在反矩陣。
若「$\det A$」不為0,則存在反矩陣。**

沒錯♪今天最後就套用剛才學到的行列式det,繼續來解彈簧與
重錘的問題吧!

思考方式 彈簧與重錘的問題後篇

接著，討論前篇（P.57）得到的式子「$A\vec{U}=m\omega^2\vec{U}$」。

這條式子表示了「即便向量$\vec{U}$經過矩陣的座標轉換，向量的方向仍舊不變（大小可以改變）」。簡單起見，可以用下式來討論：

$$A\vec{x} = \alpha\vec{x}$$

存在非零向量的$\vec{x}$時，α稱為A的本徵值；$\vec{x}$稱為本徵向量。1個矩陣A可能有多個本徵值、本徵向量，但也可能沒有任何本徵值、本徵向量。重錘連結彈簧的問題，最後會迴歸求本徵值的問題，可如下改寫式子的形式：

$$(A - \alpha E)\vec{x} = \vec{0}$$

其中，$E = \begin{pmatrix} 1 & 0 \\ 0 & 1 \end{pmatrix}$為單位向量。若矩陣（$A - \alpha E$）存在反矩陣，則等號僅成立於$\vec{x}$為零向量的情況。在重錘與彈簧的系統中，會是重錘靜止不動的平衡狀態。雖然$\vec{x}=\vec{0}$的確是正解，但在物理上不太有意義。

因此，為了具有$\vec{x}=\vec{0}$以外的解，$A - \alpha E$必須不存在反矩陣。換言之，由兩個角頻率可知存在其他的解。

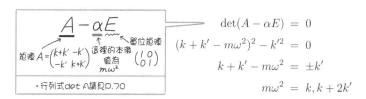

$$\det(A - \alpha E) = 0$$
$$(k + k' - m\omega^2)^2 - k'^2 = 0$$
$$k + k' - m\omega^2 = \pm k'$$
$$m\omega^2 = k, k + 2k'$$

重錘會以兩個角頻率做$\cos(\omega t + \alpha)$的振動，可持續角頻率、振幅不變的振動，稱為該系統的「簡正振動（normal vibration）」。

由問題前篇（P.57）的①、②式，$m\omega^2=k$時，可得$U_1=U_2$，兩重錘會如同一個重錘般朝相同方向振動。

而$m\omega^2=k+2k'$時，可得$U_1=-U_2$，兩重錘會左右對稱地接近、遠離，但兩重錘的重心（兩重錘連線的中點）固定不動。

該系統簡正振動以外的運動，會是兩簡正振動相加疊合。

※重錘運動的示意圖，請見下頁的介紹。

哈──終於解到最後面了！**彈簧與重錘的問題**最後會回歸「**求本徵值（這次是 $m\omega^2$）的問題**」。

然後，知道本徵值後，能夠解釋**物理現象**──**重錘會做什麼樣的運動**！

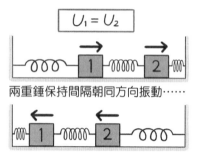

$$\boxed{U_1 = U_2}$$

兩重錘保持間隔朝同方向振動……

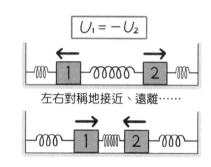

$$\boxed{U_1 = -U_2}$$

左右對稱地接近、遠離……

沒錯。透過矩陣簡化聯立方程式，再藉由求出本徵值來解釋物理現象。

今天學到的「**使用矩陣簡化複雜的聯立方程式**」，在多個重錘連結彈簧的**結晶模型問題**中，非常受到重視哦～

然後，這次提到的「**矩陣思維、本徵值思維**」，也經常用於**量子力學**當中。

本徵值的思維與量子力學

　　在量子力學中有「粒子是波」的概念，前面提到的重錘振動也可想作是波。由於「具有穩態的波＝粒子穩定存在」，量子力學經常要尋找穩態的波。

　　例如，哈密頓算符（Hamiltonian）H 乘上波函數 ψ，可得到該波函數的能量 E。這正好等同於**矩陣與本徵值**的結構。

第 3 章

單變數函數的微積分

換句話說，「**根據時間和場合，可忽略非常小的數值**」。

學長是這個意思吧。

原來如此……！

這個思維也有出現在數學當中哦。

嘿！這樣啊。

不，但是……

正因為是「**無窮趨近0但卻不是0的無窮小**」……才在數學上具有非常重要的意義……

嗒咕嗒咕

嗒咕

嗚～在抵達咖啡廳前，我已經等不了！

焦躁難耐！！

我們坐到那邊的長椅開始上課吧。

快點快點！

竟然這麼猴急……！

直指！

唉

那個～……

今天要討論的是「**微分與積分**」。

高中課程應該有教過，學長還記得嗎？

不，幾乎都還給老師了⋯⋯

那麼，我們一邊複習高中數學，一邊講解內容吧。

首先來談「**微分**」。

請看著那台行駛的汽車來回想⋯⋯

假設某車1小時行駛50km的距離，

則該車的**速率**會是多少？

$$速率 = \frac{距離}{時間} = \frac{50km}{1小時} = 時速50km$$

我想想⋯⋯**時速50km**吧。

小學生程度的問題⋯⋯

沒錯。

不過，在1小時的兜風中，應該有各種插曲才對。

因塞車而緩慢行駛，或者得意忘形開快車……

每小時的平均速度
＝時速50km

車速儀錶板也會不停地轉動吧。

開始　緩慢行駛　衝　１小時

時速可能是20km　時速可能是80km

啊！的確，時速50km只是「相對於整個移動的**平均速度**」，各個時間的速率會不一樣～

沒錯！

如果計算**1分鐘內快速行駛**的速率，數值會變得更大。但是，這到底只是「**該1分鐘內的平均速度**」。

嗯……使用**普通的除法**，怎麼樣都會變成「平均速率」。

該怎麼表示「**某瞬間的速率**」才好呢？

嘻嘻嘻

嘻嘻

能夠解決這個煩惱的，正是**微分**哦！

79

◆ 微分與導函數

那麼，來複習一下高中數學程度的**微分**內容。
請看下面「**汽車位置x（t）**」對「**時間t**」的關係圖。
隨著**時間t**推移，**汽車位置x**也會跟著**改變**。

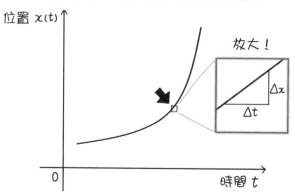

換句話說，這是根據變數t決定x值的x（t）**函數**。
不過，放大圖中的Δt、Δx是什麼東西？

沒錯，這是重點！後面要討論的是，**比1分鐘、1秒鐘更短的「微小時間的平均速度」**。
Δ（**delta**）用來表達**微小的量**。
假設**微小時間**為「Δt」……可如下表示：

⟨從某時間t推移微小時間Δt，求t＋Δt期間的平均速度！⟩

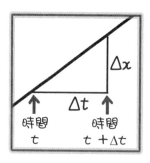

量測時間的寬為t＋Δt－t＝Δt。
此期間的**汽車位置變化**為
Δx＝x（t＋Δt）－x（t）。
因此，Δt**期間的平均速度**為

$$\frac{\Delta x}{\Delta t} = \frac{x(t + \Delta t) - x(t)}{\Delta t}$$

嗯哼，的確是這樣耶。

接著，進一步討論**終極的「某瞬間的速度」**。
當**時間趨近極限且非——常短小**，就可說是「**速度**」而不是「平均速度」。

原來如此……
但是，該怎麼表示如此微小的時間？

簡單來說，只要將量測的**時間寬Δt無窮趨近0就行了**。
你瞧，數學式子※會像是這樣！
※細節請見P.83詳述。

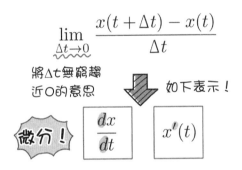

$$\lim_{\Delta t \to 0} \frac{x(t + \Delta t) - x(t)}{\Delta t}$$

將Δt無窮趨
近0的意思

如下表示！

微分！

$$\frac{dx}{dt}$$

$$x'(t)$$

啊！這個我有看過。
「**d**」「**′**」用來表示**微分**嘛！

是的。這個稱為「**x（t）對t的導函數**」。

$x(t)$ 對t的 **導函數！**

$$\frac{dx}{dt}$$

$$x'(t)$$

換句話說，函數微分後可得到「**導函數**」呢。

沒錯！然後，**導函數**是指……**原函數上某點的「切線斜率」**。
請看下頁的關係圖，就能夠瞭解意思了哦。

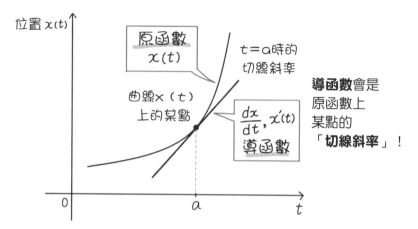

啊——我想起高中學到的內容了！

如下圖所示，根據**切線的傾斜程度**，可知該時間的**變化比率**嘛。這次是「**位置x相對時間t產生多少變化**」的變化比率。簡單來說，由這個**導函數**可求得「**某瞬間的速度**」。

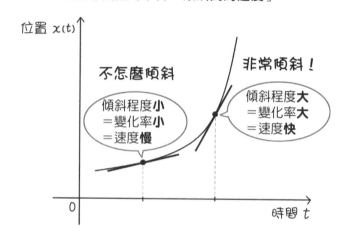

哈哈，治好失憶了耶！整理一下前面的內容……

「$x(t)$ **對t做微分**」就是「$x(t)$ **對t的導函數**」。

這個導函數表示**斜率**，可調查「$x(t)$ **對t的變化程度**」——。

順便一提，「**對t（時間）做微分**」能夠瞭解「**每單位時間的變化程度**」、「**隨著時間推移如何變化**」，非常方便。

「**對t做微分**」是經常會使用的運算，後面也會進行說明（參見 P.91）。

◆ 導函數的數學意義

 那麼，這邊再稍微詳細講解「導函數」吧。
在剛才的例子（參見P.81）中，Δt趨近0的時候，Δx也會逐漸趨近0。
下面來討論Δt和Δx的**比**趨近**特定值**的情況。

 啊！我記得……
無窮趨近某特定值的情況稱為「**收斂**」。

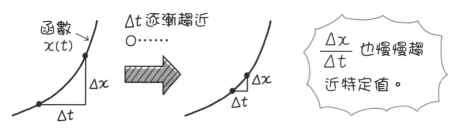

 是的。若以數學式子來描述，前面看到的式①能夠算出有限值。
此時，我們可說「**函數$x(t)$在時間t可微分**」哦！

$$\lim_{\Delta t \to 0} \frac{x(t + \Delta t) - x(t)}{\Delta t} \quad \cdots\cdots ①$$

式①表示「Δt**無窮趨近0時的數值**」＝「**極限**」。
換句話說，如果「**極限能夠算出有限值（具有極限值）**」，則稱該函數**可微分**。

 可微分……
感覺也有**不可微分的情況**。
「不可微分」的意思是「無法求得導函數」嗎？

 沒錯！學長真聰明。
導函數未必總是存在。
下頁就來說明什麼樣的情況不可微分吧。

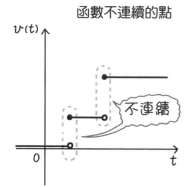

函數不連續的點

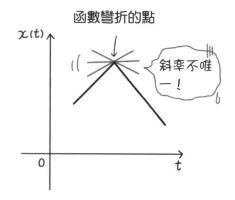

函數彎折的點

斜率不唯一！

不連續

如上圖所示，在函數不連續的點、函數彎折的點，**沒有辦法微分**。

這些點無法以前面的式①來定義，不是數值發散就是趨近0的斜率不唯一。

順便一提，**發散**是指數值無窮大或者無窮小等**無法收斂**的情況。

哦──意思是想要微分求導函數，須要滿足某些條件吧。

然後，式①是取極限的數學式，本來就是**分數形式**。

由下圖可知相當於「三角形的高 / 底邊」……導函數的值會是原函數的「**斜率**」。這就是導函數的數學意義。

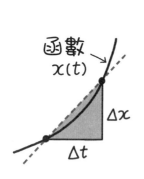

函數 $x(t)$

Δx

Δt

$$\lim_{\Delta t \to 0} \frac{\overset{\Delta x}{\overbrace{x(t+\Delta t) - x(t)}}}{\Delta t}$$

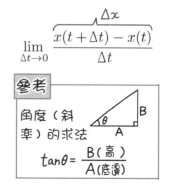

參考

角度（斜率）的求法

$\tan\theta = \dfrac{B（高）}{A（底邊）}$

原來如此……感覺後面會一直用到微分、導函數，就各方面來說，我得複習極限值、收斂的數學內容才行。

沒錯。後面會一直用到導函數！

◆ 注意因次

 這邊來出個問題……
深谷學長知道「**因次**」和「**單位**」的差異嗎？

 學分單位……不夠會被留級……
光聽到就讓人憂鬱的字詞……

 不是啦，不是大學的學分單位，而是物理中的單位啦！

 啊～物理的因次和單位，我記得……
因次是指物理量的關係性。
例如速度的因次是「長度 / 時間」。

單位是指，描述量的基準。
例如速度的單位是〔km/h〕〔m/s〕等。

因次	單位
速度的因次是「長度 / 時間」 記為 LT^{-1}。 length time 長度 時間	速度的單位是 [km/h] 每小時幾公里 [m/s] 每小時幾公尺 ……等

 沒錯！學長好棒！
在物理的世界中，**注意因次及單位**是很——重要的事情。
其實，在學習**微積分**的時候，「**因次**」也非常有幫助。
下頁就來詳細說明吧。

在學習微積分的時候，**「因次」**能夠帶來什麼幫助呢？
請回想前面的導函數（參見P.83），導函數的數學意義是「原函數的**斜率**」，位置對時間的導函數則是「某瞬間的**速度**」。

啊！這麼說來，由極限公式可知道**導函數**的因次是**「速度」**＝**「長度／時間」**。

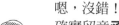

$$\lim_{\Delta t \to 0} \frac{\overbrace{x(t + \Delta t) - x(t)}^{\Delta x}}{\Delta t} \quad \begin{matrix} \leftarrow \text{位置的變化（長度）} \\ \leftarrow \text{時間} \end{matrix}$$

嗯，沒錯！
確實留意**函數的因次**，除了有助於判斷「**對哪個變數做微分或者積分**」，對討論**該物理量的意義**，也非常有幫助哦～。
這樣的檢討又稱為**「因次分析」**。

原來如此。
若能夠做好因次分析，即便遇到複雜的數學式，也能夠冷靜地應對處理。
這樣的感覺好棒！

那麼，稍微整理**有關微分的物理量變化與因次**。
學長可以確認看看。

原函數（因次）	變數（因次）	微分後的函數（因次）
位置（長度）	時間（時間）	速度（長度／時間）
速度（長度／時間）	時間（時間）	加速度（長度／時間²）
電量（電量）	時間（時間）	電流（電量／時間）

在電磁學、熱力學中，「變數」也有時間以外的物理量。

◆ 微分的性質與導函數的求法

不過,該怎麼說呢⋯⋯嗯⋯⋯
沒想到光複習微分就這麼辛苦。
高中數學的內容都忘得差不多了⋯⋯

為了幫助學長回憶起來,下面整理了**微分的相關性質**!
雖然可能有些獨特,但習慣後就好。

- 兩函數相加的微分

$$(af(x)+bg(x))' = af'(x)+bg'(x) \quad (a,b 皆為常數)$$

- 兩函數相乘的微分

$$(f(x)g(x))' = f'(x)g(x)+f(x)g'(x)$$

- 合成函數的微分

$$z = f(y), y = g(x) 的時候, (f(g(x)))' = f'(g(x))g'(x)$$

亦即 $\dfrac{dz}{dx} = \dfrac{dz}{dy}\dfrac{dy}{dx}$

- 反函數的微分

已知 $y = f(x)$ 的反函數為 $y = f^{-1}(x)$。

$y = f^{-1}(x) \ (x = f(y))$ 的時候,

$$\frac{dy}{dx} = \frac{1}{\dfrac{dx}{dy}}$$

哦~「**合成函數**」「**反函數**」的微分有點複雜,但**微分本來就是除法**,這麼想就不難理解。

然後,下頁來看簡單的**求導函數問題**吧。

例如，試求 $f(x) = x^2$ 的導函數。

x 僅增加 Δx 的時候，函數為

$$f(x + \Delta x) = (x + \Delta x)^2 = x^2 + 2x\Delta x + (\Delta x)^2$$

因此，

$$
\begin{aligned}
f'(x) &= \lim_{\Delta x \to 0} \frac{x^2 + 2x\Delta x + (\Delta x)^2 - x^2}{\Delta x} \\
&= \lim_{\Delta x \to 0} \frac{2x\Delta x + (\Delta x)^2}{\Delta x} \\
&= \lim_{\Delta x \to 0} (2x + \Delta x) \\
&= 2x
\end{aligned}
$$

嗯哼，這題是函數 $f(x) = x^2$ 對變數 **x 微分**嘛。
然後，Δx 無窮趨近0時，最後會剩下 $2x$。

是的！高中數學碰到「求導函數」的問題，可能會直接套用**硬背的公式**。
然而，如果確實遵照**導函數的定義**，推導過程會如上所示。

函數 $f(x) = x^n$ 的導函數
公式是 $f'(x) = nx^{n-1}$。

所以，$y = x^2$ 的導函數是
$y' = 2x$ ……。

啊……真想在高中時就知道……
不過，就算當時這麼教我，我應該也會反駁：「太麻煩了！直接硬背公式不就好了。」然後，渾渾噩噩到現在……

深谷學長，竟然冷靜地自我分析！

2 再做微分

◆ 嘗試微分兩次

哈～
總覺得一直
在聽微分的
說明耶。

感覺有點
累了……

哈

那麼，猜個謎題
轉換一下心情吧！

已知某**函數**
做**微分**後會產生
新的函數。

那麼，新的函數
再做微分後，
會變成什麼？

新的函數

某函數　　（f(x)的導函數）

$$f(x) \qquad f'(x) \qquad \boxed{?}$$

微分　　　　微分

這哪是猜謎啊！！
根本就是數學問題。

真是的！！

哎──
但是，跟猜謎
一樣簡單啊～

89

那麼，公布猜謎的答案吧。

如果函數$f(x)$的導函數$f'(x)$可微分，則微分後可得$f''(x)$。

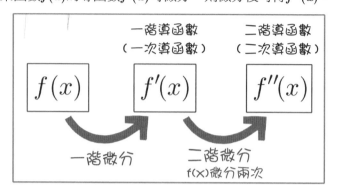

$f''(x)$是$f(x)$**微分兩次**的函數，稱為「$f(x)$的**二階導函數**（或者**二次導函數**）」。

二階導函數的其他表達方式，如下所示：

$$\langle 二階導函數 \rangle$$

$$f''(x), \quad \frac{d^2 f(x)}{dx^2}, \quad \frac{d^2}{dx^2} f(x)$$

然後，如果可再進一步微分……能夠**反覆微分n次**的話，函數$f(x)$微分n次的函數稱為「$f(x)$的**n階導函數**（或者**n次導函數**）」。n階導函數的表達方式，如下所示：

$$\langle n 階導函數 \rangle$$

$$f^{(n)}(x), \quad \frac{d^n f(x)}{dx^n}, \quad \frac{d^n}{dx^n} f(x)$$

原來如此。這樣就能夠一目瞭然**做了幾次微分**！清楚又明確！

「位置、速度、加速度」的微分關係

 那麼，稍微回到汽車的問題。
前面在求「**某瞬間的速度**」時，是**什麼對什麼做微分？**

 嗯，這個我還記得，是「**位置**」對「**時間**」做微分。

 沒錯。（**長度 / 時間**）跟速度的**因次**相同。
雖然很高興知道是速度，但不同時間的速度並不固定吧。
踩油門後，速度肯定會大幅增加才對。

想要知道「**隨著時間推移，速度怎麼變化**」的時候，可**將「速度」再對「時間」做微分**，求得「**每單位時間的速度變化**」，也就是**加速度**。

 咦——**再做微分！？**
啊，不過，**加速度**的**因次**的確是（**長度 / 時間**^{2}）。
在前面的表格，有看到加速度的因次（參見P.86）。

 換句話說，統整後可得到下述的關係。
雖然這張圖已經看過了，但現在就能夠瞭解其中的意義了吧。

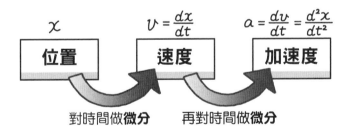

$$x \quad\quad v = \frac{dx}{dt} \quad\quad a = \frac{dv}{dt} = \frac{d^2x}{dt^2}$$

位置 ⟶ **速度** ⟶ **加速度**

對時間做**微分**　　再對時間做**微分**

 這樣啊。我在讀高中的時候，認為「位置（距離）」「速度」「加速度」彼此完全不相關，但其實是像這樣有所關聯的，將**「位置」函數對時間做微分**，可得到另外兩個函數。

 就是這麼回事。除了汽車行駛外，投球的拋物線也是同樣的情況哦。到高中為止，或許硬背公式就能夠解題，不過後面就來一邊探討「**因次分析**」，一邊思考**物理量的關聯性**吧！

◆ **簡化複雜的函數**

然後，接著進入今天課程最精彩的地方！

終於要講
「**泰勒展開**
（Taylor expansion）」跟
「**馬克勞林展開**
（Maclaurin expansion）」！

鏘——

！

馬克勞林

泰勒

泰勒……？
馬克勞林……？

這是上大學後才會學到的內容，

但實在**太棒**、**太方便**了，學會後就回不去了！

喊、喊

泰勒展開、馬可勞林展開就像是魔法！

泰勒　展開

馬克勞林展開

嗯……
具體來說是
什麼樣的魔法？

92

前面提到「微分有助於**逼近複雜的函數**」。

（參見第1章P.26）

做逼近時會使用「泰勒展開」及「馬克勞林展開」。

也就是**將複雜的函數輕鬆轉為簡單式子的魔法～！**

MAGIC!

複雜的函數　→（泰勒展開 等）→　簡單的式子

嘿——！感覺好方便！

在講解泰勒展開式的時候，會按照這樣的順序討論。

接下來的討論內容

均值定理
↓
泰勒定理
↓
· 泰勒展開
· 馬克勞林展開

那麼，請跟我前往魔法的世界！

咻～！

在其他意義上，感覺已經跟不上了……！

※名稱取自英國數學家**布魯克·泰勒**（Brook Taylor）、蘇格蘭數學家柯林·**馬克勞林**（Colin Maclaurin）。

透過導函數以直線表示曲線

哼哼♪那麼，使用樹枝在公園的地面畫個曲線～
深谷學長請沿著這條**曲線**行走看看。

咦！嗯……像這樣嗎？快步走完了。

是的！即便是走彎曲的道路，**每一步都是會筆直的直線**。
深谷學長是像這樣行走。

連接這些直線後，如下圖所示。
這就像是**以直線表示曲線**。

平滑的曲線　　　　逼近曲線的直線連結

原來如此。**嚴格來說不一樣，但兩者大致相似！**
若再走得更碎步，感覺會變得更加平滑。

然後，這邊請回想前面學的**導函數**。

嗯……**導函數**是原函數（曲線）上某點的「**切線斜率**」嗎？

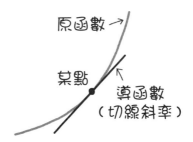

是的♪那麼，將地面的曲線看成函數圖形，來討論**切線斜率**吧。如此一來，就可在某點這樣畫切線！

啊！「**逼近曲線的直線**」和「**切線**」的**斜率相同**。

沒錯。
其實，這就說明了
「使用**導函數（切線的斜率）**，可**將曲線逼近直線**」。

哦——！導函數竟然也有**逼近**的意思……！

「**均值定理**」就是其最初的一步哦。
接著就來詳詳細說明內容吧～！

均值定理

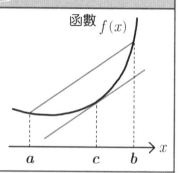

均值定理

若函數$f(x)$在包含a、b的閉區間$[a, b]$連續,且在開區間(a, b)可微分,則存在滿足

$$f(b) = f(a) + f'(c)(b - a)$$

的$c(a < c < b)$。

那麼,趕緊來說明「**均值定理**」吧。

閉區間$[a, b]$是**包含**兩端a和b的區間;

開區間(a, b)是**不包含**兩端a和b的區間。

如果曲線在該區間連續未間斷且可微分,則均值定理成立。換句話說,閉區間是「$a \leq x \leq b$」;開區間是「$a < x < b$」。請看下圖:

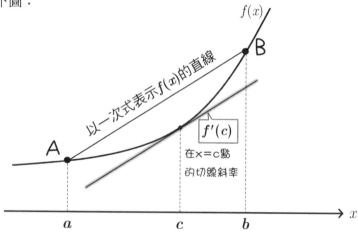

這次討論的是$f(x)$**曲線上的A和B區間**。

這個**A和B的連線**即為**表示該區間曲線的「直線」**。

思維跟深谷學長筆直走一步彎曲道路相同～

接著可畫出與該直線**斜率相同**的切線,切點c就在a和b之間。

啊，這個能夠直觀地來理解。將直線 AB 平行下移，在點 c 剛好就會變成切線。

此時，我們可用下式表示$f(a)$、$f(b)$和導函數$f'(c)$的關聯性。請仔細觀看下圖，探討是否真的符合該式子吧～

$$f(b) = f(a) + f'(c)(b - a)$$

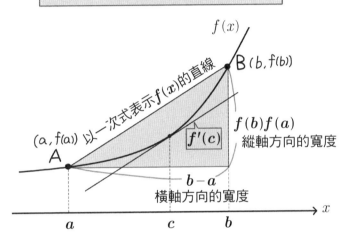

嗯……「**以一次式表示$f(x)$的直線斜率**」＝「$f'(c)$（在$x=c$的切線斜率）」。然後，函數$f(x)$上曲線AB區間的**橫軸方向寬度**是$b-a$、**縱軸方向寬度**是$f(b)-f(a)$。

換句話說，曲線 AB的**平均斜率**是 $\dfrac{f(b) - f(a)}{b - a}$。

要領跟三角形的「**斜率＝高／底邊長**」相同……
數學式可如下表示。啊，的確跟前面的式子相同！

$\dfrac{\text{縱軸方向的寬度}}{\text{橫軸方向的寬度}} = \text{平均斜率}$ ⟩ $\dfrac{f(b) - f(a)}{b - a} = f'(c)$ ⟩ 兩邊乘以 $(b-a)$

$$f(b) - f(a) = f'(c)(b - a)$$

前面的式子 $\boxed{f(b) = f(a) + f'(c)(b - a)}$

沒錯。這條式子成立就是所謂的「**均值定理**」。
由於可用**某點的斜率（導函數）**簡單表示**某區間的平均斜率（均值）**，所以才為均值定理。

$$\underbrace{f(b) - f(a)}_{\substack{f(x)\,在\,a\,到\,b\\之間的變化}} = \underbrace{f'(c)(b - a)}_{導函數}$$

由上式可知，「$f(x)$在a到b之間的變化」等同於以$f'(c)$表示的**線性變化**，或者說**以一次式直線逼近曲線**。

原來如此，我瞭解**以直線表示曲線**的意思了。
將彎彎曲曲的曲線非常靠近的地方做細微分割，的確可視為筆直的直線。

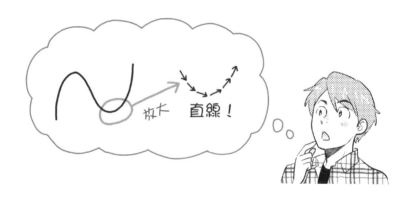

是的。無論走在多麼蜿蜒的道路上，每一步都是筆直前進的。
啊，這聽起來好像有點像人生啟示！？

◆ 泰勒展開

 根據**均值定理**，我們知道曲線可用直線來表示。

均值定理

$$f(b) = f(a) + f'(c)(b - a)$$

 但是，不可以就這樣滿足。
曲線還有**更準確的表現方式**！

 更準確的！究竟是什麼方式……？？

 其實，使用**「高階導函數」**，能夠更加細微地表達$f(x)$的變化哦～

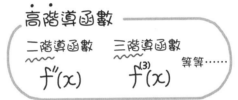

這稱為「**泰勒定理**」！請看下面的內容～！

泰勒定理

若函數$f(x)$在包含a、b的區間連續且可微分n次，則下式成立：

$$f(b) = f(a) + f'(a)(b - a) + \frac{f''(a)}{2!}(b - a)^2 + \cdots + \frac{f^{(n-1)}(a)}{(n-1)!}(b - a)^{n-1} + \underline{R_n}$$

$$\underline{R_n} = \frac{f^{(n)}(c)}{n!}(b - a)^n \quad (a < c < b)$$

> 這稱為「餘項」，
> 多餘出來的項目。

 嗚啊——！看起來非常複雜！？

99

感、感覺**泰勒定理**突然變成複雜難懂的式子了。
雖然高中數學有學過2!、$n!$……

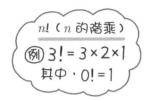

$n!$（n 的階乘）

例 $3! = 3 \times 2 \times 1$

其中，$0! = 1$

不需要驚慌失措哦——
泰勒定理只是根據均值定理，**使用高階導函數的進階應用**而已。

然後，泰勒定理的特徵是式子變成「**多項式**」的形式。

〈泰勒定理〉

$$f(b) = f(a) + f'(a)(b-a) + \frac{f''(a)}{2!}(b-a)^2 + \cdots + \frac{f^{(n-1)}(a)}{(n-1)!}(b-a)^{n-1} + R_n$$

第1項　第2項　第3項　第n項
一階導函數　二階導函數　$(n-1)$ 階導函數

的確出現了**高階導函數**，且**項目不斷增加**耶！

瞭解這個泰勒定理後，接著就是「**泰勒展開**」和「**馬克勞林展開**」了。
一口氣講下去吧！

接著趕緊來看**泰勒展開**，這也是根據前面「**泰勒定理**」的概念。

如果$f(x)$**可無窮次微分**，且n（微分次數）趨近**無窮大**時，R_n（餘項）**收斂至0**……將「泰勒定理」的b**改寫為變數**x，則可如下表示：

泰勒展開

$$f(x) = f(a) + f'(a)(x-a) + \frac{f''(a)}{2!}(x-a)^2 + \cdots + \frac{f^{(n)}(a)}{n!}(x-a)^n + \cdots$$

$$= \sum_{n=0}^{\infty} \frac{f^{(n)}(a)}{n!}(x-a)^n \qquad \infty \text{ 是無窮大的符號。}$$

唔……乍看之下好像很難，但冷靜下來看……最後面的**餘項**因收斂至0直接**省略**，並使用 **Σ（Sigma）**表示**相加**。

Σ在高中數學有學過，真叫人懷念……

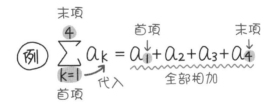

「**無窮項目相加**」稱為**無窮級數**或者**級數**。

因此，這個式子稱為「$f(x)$**在**$x = a$**處的泰勒展開**（或是**泰勒級數**）」。

啊……！

這麼說來，大學考試有出過「**做泰勒展開**」的問題。

簡單來說，就是像上面的泰勒展開，轉為列舉項目的「**多數項式子形式**」嘛。

沒錯。「在 $x = a$ 處做泰勒展開」「在 $x = a$ 附近做泰勒展開」「在 $x = a$ 鄰近做泰勒展開」等等，雖然有各種不同的說法……但都是「**在點 a 附近將函數 $f(x)$ 轉為冪級數的形式**」。
泰勒展開的右邊**使用冪級數，可逼近原函數**，細節請見後面詳述。

唔……感覺不是很明白……**在某點 a 附近**的描述挺模糊的……

不須要想得太困難哦。請回想均值定理（P.96），我們可用與曲線 AB 上**點 C 切線相同斜率的直線表示曲線 AB**。
兩點 A、B 非常接近的時候，則該**直線貼近曲線 AB**。換句話說，**可做逼近的「範圍是有限的」**，如下圖所示～

僅極為接近某點，可做到逼近

愈遠愈不準確（無法以直線逼近）

啊！我好像明白了。
正因為可做逼近的**範圍是有限的**，才要一開始就先決定「**以哪邊為中心來展開（表示成逼近的式子）**」。

就是這麼回事。然後，泰勒展開式會重複出現（$x - a$）。

省略了
$(x-a)^0 = 1$

$$f(x) = f(a) + f'(a)(x-a) + \frac{f''(a)}{2!}(x-a)^2 + \cdots + \frac{f^{(n)}(a)}{n!}(x-a)^n + \cdots$$
$$= \sum_{n=0}^{\infty} \frac{f^{(n)}(a)}{n!}(x-a)^n$$

絕對值$|x-a|$表示x和a的差距。
x和a愈接近（差距愈小），就愈能夠貼近曲線。

嗯哼，因為可做逼近的範圍是有限的，差距愈接近愈能夠貼近曲線……這樣好像能夠理解了。

然後，接下來的內容很重要！請仔細聽好了。
當$|x-a|$的**差距充分小**，$(x-a)^n$的值會隨n增加而**逐漸變小**。學長能夠想像嗎？

嗯……充分小的值，比如「0.01」好了……
感覺會像下圖一樣，值的確逐漸變小。

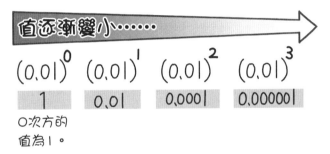

啊！換句話說，泰勒展開式也會像下圖一樣，**愈後面的項目（愈右邊的項目），值會變得愈小**。簡單說就是漸趨式微！！

愈後面的項目，值變得愈小…… ➡ 微小

$$f(a) + f'(a)(x-a) + \frac{f''(a)}{2!}(x-a)^2 + \cdots + \frac{f^{(n)}(a)}{n!}(x-a)^n + \cdots$$

漸、漸趨式微！嗯……不過，的確是這樣的意象。
總結來說，泰勒展開是無窮個項目的**冪級數**，$|x-a|$充分小的時候，**愈後面的項目，其表示的值會變得微小**。
這個觀念非常重要，一定要確實記起來哦～

◆ 馬克勞林展開的式子形式

清楚理解**泰勒展開**後，「**馬克勞林展開**」應該也難不倒學長。
剛才的泰勒展開是以「$x = a$」來展開式子。
而a為0的泰勒展開就是**馬克勞林展開**（或者**馬克勞林級數**）。
如下所示：

馬克勞林展開

$$f(x) = f(0) + f'(0)\,x + \frac{f''(0)}{2!}\,x^2 + \cdots + \frac{f^{(n)}(0)}{n!}\,x^n + \cdots$$

$$= \sum_{n=0}^{\infty} \frac{f^{(n)}(0)}{n!} x^n$$

喔喔──的確只要瞭解泰勒展開式，馬克勞林展開就會感覺很
簡單！
就像是只要知道怎麼做「蔬菜炒肉」，那做「熱炒蔬菜」根本
是易如反掌。**基本的做法一樣嘛**。

是的。「**在$x＝0$處做泰勒展開**」「**在原點處做泰勒展開**」，意
思完全等同於做馬克勞林展開。

> **泰勒展開的其他形式**···
>
> 泰勒展開式是將泰勒原理的b改寫為**任意的**x（參見P.101），
> 除了「x」，也可換成「$x+h$」等。
>
> 將泰勒展開式中的x換成$x+h$、a換成x，可得到下式：
>
> $$f(x+h) = f(x) + f'(x)h + \frac{f''(x)}{2!}h^2 + \cdots$$
>
> $$= \sum_{n=0}^{\infty} \frac{f^{(n)}(x)}{n!}h^n$$
>
> 記住這條式子
> 會非常方便！

因此，泰勒展開、馬克勞林展開的式子是，一直**不斷延續的冪級數**。

嗯，無限延續的**無窮級數**嘛。

馬克勞林展開

$$f(x) = f(0) + f'(0)x + \frac{f''(0)}{2!}x^2 + \cdots$$

後面也不斷延續……

$$\cdots + \frac{f^{(6)}(0)}{6!}x^6 + \frac{f^{(7)}(0)}{7!}x^7 + \cdots$$

一直～

那麼，這條式子的右邊是將原函數 $f(x)$ 轉為**簡潔易懂的式子**。

使用這個可求出**簡化的逼近式**。

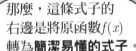

馬克勞林展開

$$f(x) = f(0) + f'(0)\,x + \frac{f''(0)}{2!}\,x^2 + \frac{f^{(3)}(0)}{3!}\,x^3 + \cdots\cdots$$

（不斷延續）

原函數 $f(x)$ 的展開式

哦～但是，必須一直相加下去，感覺非常麻煩……

一點都不覺得簡潔易懂……！

簡

潔？？

真、真大膽的做法！不過，如果項目無窮延續，沒有在某處區分段落，的確會沒完沒了。

是的！

嗶、嗶、嗶——！

$$f(x) \simeq f(a) + f'(a)(x - a)$$

幾乎相等

例如，如果可**忽略第3項以後（二階導函數以後）的項目**，泰勒展開式會變成……

簡單易懂的**一次逼近式**！

喔——愈早切斷，式子也**愈簡單**。

嗯、嗯

因此，不要在意雞毛蒜皮的小事，確實掌握泰勒展開吧～

後面會大量介紹實際常用的方法！

屋仲學妹這麼不拘小節！？

在求解物理問題的時候,經常遇到**物理量為三角函數、指數函數、對數函數求**的情況。

此時,這些函數的變數有時難以微分或者積分。不過,如果可**逼近單純的一次式、多項式**,瞬間就會變得輕鬆許多吧!

例如,試著對$f(x)=\sin x$做**馬克勞林展開**。

馬克勞林展開

$$f(x) = f(0) + f'(0)\,x + \frac{f''(0)}{2!}\,x^2 + \frac{f^{(3)}(0)}{3!}\,x^3 + \frac{f^{(4)}(0)}{4!}\,x^4 + \cdots$$

首先,討論各項的$f(0)$、$f'(0)$、$f''(0)$、……吧。

$$f(0) = \sin 0 = 0$$
$$f'(0) = \cos 0 = 1$$
$$f''(0) = -\sin 0 = 0$$
$$f^{(3)}(0) = -\cos 0 = -1$$
$$f^{(4)}(0) = \sin 0 = 0$$

……(後面反覆循環)

> 三角函數 **參考**
> $\sin 0 = 0$
> $\cos 0 = 1$
>
> $\sin x \xrightarrow{微分} \cos x$
> $\cos x \xrightarrow{微分} -\sin x$

所以,套用馬克勞林展開式可得:

係數為0的項目消失

$$\cancel{0} + \frac{1}{1!}x + \frac{0}{2!}x^2 - \frac{1}{3!}x^3 + \frac{0}{4!}x^4 + \frac{1}{5!}x^5 + \cdots$$

$$\sin x = x - \frac{x^3}{3!} + \frac{x^5}{5!} + \cdots$$
$$\simeq x$$

> 切斷第1項後面的項目!

最後會變成$\sin x \simeq x$這個**非常單純的式子**。

咦咦！這個馬克勞林展開的結果好厲害耶。
在 $x=0$ 附近，可知「**sin x 的值大致等於 x**」！
式子變得好單純……！

既簡單又方便吧～即便留下後面的項目，也只是**單純的多項式**，相較於處理原本式子的sin，會變得非常輕鬆。

原來如此。不過話說回來，不會猶豫要切斷哪個項目……或者說**應該逼近什麼地方嗎？**
雖然細微準確一點會比較好，但粗略簡單會比較便利……

啊啊，這要「**看時間和場合**」哦～！
判斷的基準有兩個～
第一，**處理的函數限制範圍有多大**（x 有多小）？
第二，**想要多麼準確地瞭解處理的函數**？

多麼準確嗎……？
雖然愈準確愈好，但像在討論汽車行駛距離的時候，感覺不需要準確到1mm的單位。
然而，在討論精密機械的設計等，1mm的差距可是大問題……

沒錯！如果欲求的函數是長度，使用竹製直尺量測與使用雷射量測，兩者**需要的準確度不同**。
考量這些事情，**盡可能逼近處理的函數來做簡化**，是探討物理的本質時非常重要的步驟～
……順便一提，雖然是題外話……
以馬克勞林展開聞名的蘇格蘭數學家「柯林·馬克勞林」，據傳19歲時就任職大學教授，非常厲害吧。

咦咦～跟現在的我同年紀！！？

在**計算** $\sqrt{2}$ **等無理數**的時候,泰勒展開非常有幫助。
首先,討論函數 $f(x) = \sqrt{1+x}$,**在 $x=0$ 處做泰勒展開**吧。

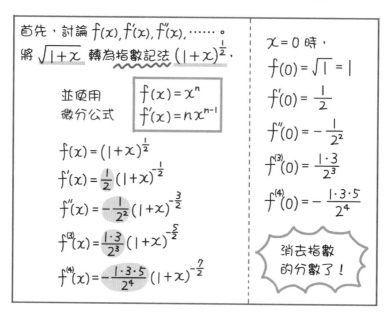

所以,套用展開式可得

$$f(x) = \sqrt{1+x} = 1 + \frac{1}{2}x - \frac{1}{2^2 2!}x^2 + \frac{1\cdot3}{2^3 3!}x^3 - \frac{1\cdot3\cdot5}{2^4 4!}x^4 + \cdots$$

$f(x)$ 代入 $x=1$ 後,可求得 $\sqrt{2}$ 的近似值:

到第1項目的相加	1	$= 1$
到第2項目的相加	$1 + 0.5$	$= 1.5$
到第3項目的相加	$1 + 0.5 - 0.125$	$= 1.375$
到第4項目的相加	$1 + 0.5 - 0.125 + 0.0625$	$= 1.4375$
到第5項目的相加	$1 + 0.5 - 0.125 + 0.0625 - 0.0390625$	$= 1.3984375$

$\sqrt{2}$ 實際的數值為1.4142……
如果準確度只需要到小數點後兩位，計算到**第3項目**就足以替代$\sqrt{2}$了～

 嘿——！使用 $f(x) = \sqrt{1+x}$ 來討論 $\sqrt{2}$ ，之後只須要代入$x=1$，真是有趣的做法。
泰勒展開也有這樣的用法啊。

 ……綜上所述，介紹了兩個泰勒定理的用法。
最後，這邊還有**萬有引力的相關問題**哦。

111

 **問題** 萬有引力的位能問題

質量 m 的質點自距離地面高度 h 處自由落下，試求該質點落至地面時的動能。

其中，假設空氣阻力可忽略。

※質點是指帶有質量的點狀物體，用以簡化力學運動的假想概念。

 咦？這個問題很簡單喔。高中物理有學到動能和位能的總和固定，只須要計算**動能＝失去的位能**就行了，將已知的高度 h 和質量 m 代入高中課本中的「**重力的位能公式**」而已……？

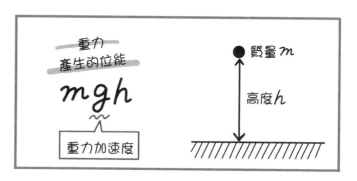

 不要啦～～別馬上跳到重力位能公式，深谷學長！
這次先暫且忘掉那個公式，改使用「**萬有引力的位能公式**」來討論。

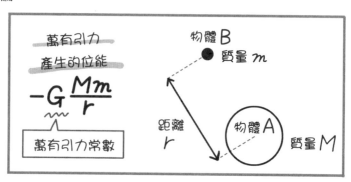

 **思考方式** **萬有引力的位能問題**

質點受到地球的萬有引力吸引而產生位能。
假設地球的質量為M、半徑為R，則距離地球中心r、質量m的質點，擁有的萬有引力位能$-U(r)$記為

$$U(r) = -G\frac{Mm}{r}$$

其中，G為萬有引力常數。質點落至地面時的動能＝失去的位能，可如下表示：

$$U(R+h) - U(R) = GMm\left(\frac{1}{R} - \frac{1}{R+h}\right)$$

已知地球半徑R約為6000km。雖然h會因時間和場合而異，但頂多僅有數公尺的高度。
即便從國際太空站落下，國際太空站的高度約為400km，僅有地球半徑的15分之1。因此，假設$R >> h$，則可用泰勒展開做逼近。一般的萬有引力如下圖左所示，但這次要討論的是如下圖右的情況。

萬有引力的示意圖

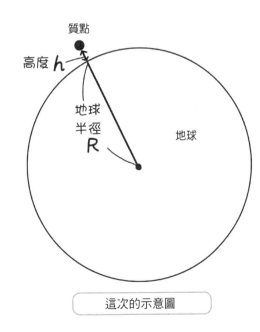

這次的示意圖

113

接著，試著對 $U(R+h)$ 做**泰勒展開**。

$$U(R+h) = U(R) + U'(R)h + \frac{U''(R)}{2!}h^2 + \cdots$$
$$= -GMm\left(\frac{1}{R} - \frac{1}{R^2}h + \frac{1}{R^3}h^2 + \cdots\right)$$

泰勒展開的補充

這次討論的 $U(R+h)$ 可套用 $f(x+h)$ 公式
（參見 p.104）。

$$f(x+h) = f(x) + f'(x)h + \frac{f''(x)}{2!}h^2 + \cdots$$

如 $f(x), f'(x), f''(x)$ 討論 $U(r)$ 的微分，

先將 $U(r) = -G\dfrac{Mm}{r}$ 整理為 $-GMm\left(\dfrac{1}{r}\right)$，

再對 $\left(\dfrac{1}{r}\right)$ 做微分。

使用方便的公式
可得

$$f(x) = \frac{1}{x^n}$$
$$f'(x) = -n \cdot \frac{1}{x^{n+1}}$$

$$U(r) = \frac{1}{r}, \quad \frac{d}{dr}U(r) = -\frac{1}{r^2}, \quad \frac{d^2}{dr^2}U(r) = \frac{2}{r^3} \cdots$$

那麼，應該逼近到什麼程度呢？

假設質點自 $h=1\text{m}$ 自由落下，代入 $R=6000\text{km}=6\times10^6\text{m}$，比較括號內的各個項目。

$$R = 6 \times 10^6$$
$$\frac{1}{R} = \frac{1}{6} \times 10^{-6}$$
$$= \frac{10}{6} \times 10^{-7}$$
$$= 1.666\cdots \times 10^{-7}$$

$$\frac{1}{R} = 1.7 \times 10^{-7} \quad \mathrm{m}^{-1}$$
$$\frac{1}{R^2}h = 2.8 \times 10^{-14} \quad \mathrm{m}^{-1} = 1.7 \times 10^{-7}\frac{1}{R}$$
$$\frac{1}{R^3}h^2 = 4.6 \times 10^{-21} \quad \mathrm{m}^{-1} = 2.8 \times 10^{-14}\frac{1}{R}$$

第3項目約為第1項目的10^{-14}倍，亦即100兆分之1。即便是從宇宙太空站落下，第3項目也僅有第1項目的0.4%。大多數情況不需要如此細微的準確度，可忽略第3項目後面的項目。所以，

$$U(R+h) \simeq U(R) + \frac{GMm}{R^2}h$$

因此，欲求能量為

$$U(R+h) - U(R) \simeq U(R) + \frac{GMm}{R^2}h - U(R)$$
$$= \frac{GMm}{R^2}h \equiv mgh$$

然後，令$g = \dfrac{GM}{R^2}$，就變成高中教科書收錄的位能公式！

如上所述，位能公式是討論萬有引力產生的位能時，對受到地球萬有引力吸引的鄰近物體做逼近。

喔喔！最後會得到mgh的公式耶！
換句話說，我前面提到的「**重力的位能公式**」，原本是討論「**萬有引力**」這個更宏觀的現象嘛。
對「受到地球的萬有引力吸引，且運動前後與地球重心的距離沒有太大改變的物體」做**逼近**。

沒錯！像這樣**使用泰勒展開做逼近，就能夠簡化世間的物理現象**哦～！

4 做積分

回顧積分

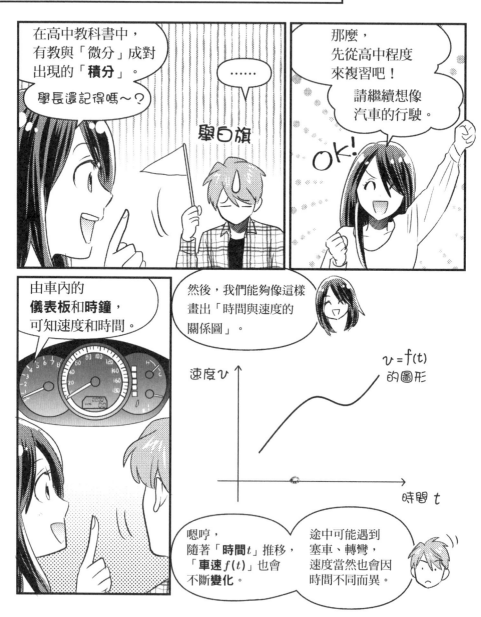

那麼，
我來出個問題。

這邊能夠求得「汽車行駛的**距離**」嗎？

咦！？嗯……
若汽車的**速度固定**，
可用「時間×速度＝距離」**普通的乘法**算出來……

但這樣不行吧。
嗯……

那個，之前也有類似的情況吧！！？

哈哈，
普通除法辦不到的事情，

可用「**微分**」來解決唷。
（參見P.80）

這次是**普通乘法**辦不到的事情，可用「**積分**」來解決！

積　分

這麼說來……高中時
我有聽過這樣的說法。

所以**微積分**才這麼重要。

微分
除法的延伸運算

積分
乘法的延伸運算

117

接著，來一口氣講解積分吧——！
深谷學長剛才說：「若汽車的**速度固定**，可用『時間×速度＝距離』這樣**普通的乘法**算出來……」
此時，我們**可細微切割時間**，讓每個間隔內的速度貌似固定。

 啊，原來如此。這麼說來，微分也是相同的思維嘛！

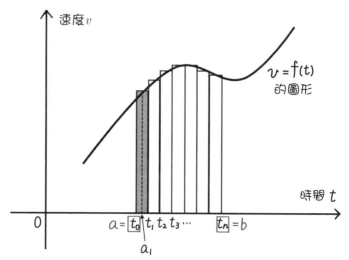

 請看上圖。為了求汽車從$t_0 = a$到$t_n = b$的行駛距離，將圖形切割成n個時間間隔。
在各個**時間間隔內選擇適當的點**，並假設為a_1、a_2、……、a_i，則t_{i-1}到t_i之間的**平均速度**可記為$f(a_i)$。

 嗯哼。例如，t_0到t_1之間的**平均速度**記為$f(a_1)$。

 如此一來，欲求的汽車行駛**距離**，可如下表示：

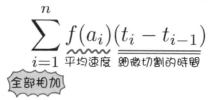

$$\sum_{i=1}^{n} \underset{\text{平均速度}}{f(a_i)} \underset{\text{細微切割的時間}}{(t_i - t_{i-1})}$$

全部相加

喔——！
換句話說，細微切割後，**先相乘再相加起來**嗎？

沒錯～
然後，為了求得**正確的距離**，切割時間的n值會愈來愈大……
換句話說，**時間間隔$t_i - t_{i-1}$會逐漸變小**。

思維果然跟微分相同！（參見P.81）
若**時間趨近極限變得非——常微小**，求出來的就不是「平均速度」而是「**速度**」，便能夠計算**正確的距離**。
趨近極限……意思是要用lim嗎？

沒錯——
時間間隔不須要取等間隔，假設最大的間隔為Δt，**就讓Δt無窮趨近於0**。

當趨近極限而收斂至固定值，則該**極限值稱為「a到b的定積分」**，記為

$$\int_a^b f(t)dt$$

「a到b」換個說法就是「t_0到t_1」。
整合上面的內容，則如下所示！

$$\int_a^b f(t)dt = \lim_{\Delta t \to 0} \sum_{i=1}^{n} f(a_i)(t_i - t_{i-1})$$

啊啊！這我就想起來了。
這個像S的符號……叫作**integral**，是**積分的符號**。
換句話說，積分的意思是「**將極其細微的事物先相乘再相加起來**」。
這樣就可由各個時間的速度來求出距離。

119

在上頁的式子 $\int_a^b f(t)dt$，出現了在微分也有看到的 dt。

這符號意為**微小的時間**，是下圖**如同籤條的長方形**橫長。
而 $f(t)$ 是各個長方形的縱長。

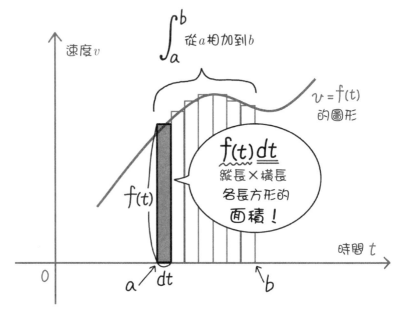

換句話說，$f(t)dt$ 表示**各長方形的面積**。
而 $\int$（**integral**）是相加各個面積的符號。

原來如此。由上圖就可清楚瞭解，相加所有各個面積的值，就是這次要求的「汽車的行駛距離」。

然後，這題如「從 a 到 b」**已經決定積分範圍**。
像這樣**已經決定積分範圍**的積分，稱為「**定積分**」。

定積分……我有聽過這個詞，高中數學的記憶甦醒過來了！
我記得還有「不定積分」。

是的。接著就來複習不定積分吧。

◆ 什麼是不定積分

那麼，先來講解幾個積分的基本概念。這邊會以變數x進行說明，如「從a到b」**已經決定積分範圍的積分**叫作「**定積分**」。順便一提，雖然前面的例子是$a < b$，但也有如下相反的積分情況：

$$\int_a^b f(x)dx = -\int_b^a f(x)dx$$

加個負號就行了嘛。

積分範圍未必都已經決定，也有**上下限都未決定**的情況。然後，積分的**上限**可能是某固定的時間，也有可能不是常數而是**變數**。

這樣的情況稱為$f(x)$的「**不定積分**」，如下所示。不定積分也可簡單記為$F(x)$～

不定積分

$$\int f(x)dx = F(x)$$
上下限均未決定

變數
$$\int_a^x f(y)dy = F(x)^{※}$$
上限不是常數而是變數

※雖然也可寫成$F(x) - F(a)$，但這邊直接省略常數$F(a)$。
（任意常數請見後面詳述）

順便一提，前面的定積分也可用不定積分表示，如下代入**上下限的常數**得到**差值**：

$$\int_a^b f(x)dx = F(b) - F(a)$$

啊～**不定積分**的確經常用到！
感覺經常碰到「試求此式的不定積分」這種問題……
如同**微分後求得導函數，積分後求得不定積分**嗎？

 沒錯！然後，「**不定積分微分後**變回原函數」，數學式可寫成
$F'(x) = f(x)$。
三者的關係整理如下：

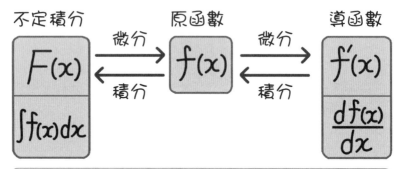

不定積分、原函數、導函數的關係

 喔～！我看出**微分、積分是一體兩面**的關係了。

 是的。不、過，這邊須要稍微注意！
請看下圖，可知**常數微分後為0**。

$$f(x) = x^3 + 9$$
$$f(x) = x^3 - \frac{1}{7}$$
$$f(x) = x^3 + \sqrt{3}$$

各式微分
後皆為
$$f'(x) = 3x^2!$$

常數

$f(x)$的積分結果除了$F(x)$外，還有其他許多答案才對。

因此，不定積分也可如下表示。

符號C稱為**任意常數（積分常數）**哦。

※指constant（常數）的C。

$$\int f(x)dx = F(x) + \underset{\text{任意常數}}{C}$$

嗯哼。**不定積分**如同其名，正因為常數的值不固定，才得加上**表示任意常數的C**嘛。

總而言之，不定積分要加上C。我明白了！

什麼是瑕積分（improper integral）？

積分的範圍不是有限也沒有關係。

無論是**積分區間無窮**，還是**積分區間的界限發散至無窮大**，僅要積分的定義式（P.119的第二個式子）收斂至有限值，就可做積分。

這樣的積分稱為「**瑕積分**」。

雖然前面講了許多積分的內容，但**積分**同樣也要考慮函數表示的**物理量因次**。

以汽車為例，速率的單位是[m/s]、時間的單位是[s]。

由於積分是相加[**速度×時間**]的長方形，單位最後是[m/s×s]＝[m]，也就是積分後變成**距離**。

哼～

簡單來說，就是**反過來討論**前面的表格（P.86）嘛。

反過來討論積分

原函數（因次）	變數（因次）	微分後的函數（因次）
位置（n長度）	時間（時間）	速度（長度／時間）
速度（長度／時間）	時間（時間）	加速度（長度／時間^2）
電量（電量）	時間（時間）	電流（電量／時間）

沒錯！

藉由討論因次，可判斷**自己應該做微分還是做積分**哦～

啊啊，經常會碰到不曉得**該做什麼事情**嘛。

該微分還是該積分？或者放棄學習直接睡大頭覺……

不可以睡大頭覺哦～

◆ 極座標的積分

在前面的**直角座標積分**，微小面積的形狀是**如同籤條的長方形**。

細長的長方形！

是的，最後要再全部相加起來。

接著要討論**極座標**的積分……

極座標是使用**角度 θ**，微小面積的形狀會是**細長的扇形**。

細長的扇形！

嗯哼，換句話說，就是一堆人分食披薩的形狀嘛！

切分！

咕嚕～

感覺肚子餓了……

求極座標的積分值

物理會經常遇到「**極座標**」哦。
這邊來講解**極座標的積分**吧。

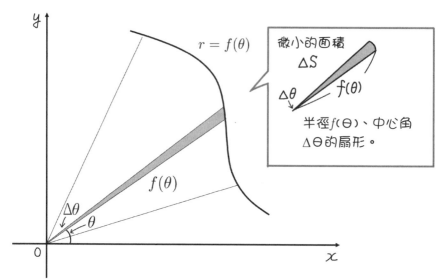

上圖的粗線是**極座標函數$r = f(\theta)$**的曲線。
角度θ只增加$\Delta\theta$的時候，面積形狀會是圖中灰色的**細長扇形**。
該面積可**逼近半徑$f(\theta)$、中心角$\Delta\theta$的扇形面積**。
這就是**微小面積ΔS**。

嗯哼，扇形的面積可用這個公式來求嗎？
嗯，這個我有背起來喔。

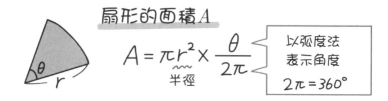

扇形的面積A

$$A = \pi r^2 \times \frac{\theta}{2\pi}$$

半徑

以弧度法
表示角度
$2\pi = 360°$

是的！套入那個公式，**微小的面積**△S可如下表示：

$$\Delta S \simeq \pi\{f(\theta)\}^2 \cdot \frac{\Delta\theta}{2\pi} = \frac{1}{2}f(\theta)^2\Delta\theta$$

嗯……接著就是與前面相同的積分思維嘛。
在**直角座標系統**，是將x軸的△x**無窮趨近0**……
在**極座標系統**，是將角度的△θ**無窮趨近0**嗎？

沒錯。跟直角座標系統一樣，先取△$\theta \to 0$的**極限**，再計算**所有小區間的相加**。
這樣一來，**積分值**S會如下所示：

$$S = \int_{\theta_1}^{\theta_2} \frac{1}{2}f(\theta)^2 d\theta$$

哦──**積分值**S會是下圖**灰色部分的面積**啊。

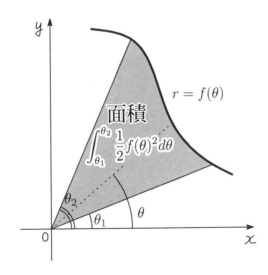

嗯──原來如此。只要會做**極座標的積分**，正圓……不對，即便是**歪曲形狀的披薩面積**，也能夠簡單求得！

一直提到披薩……深谷學長該不會很喜歡披薩！？

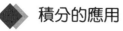

◆ 積分的應用

最後來介紹可用**積分**解題的簡單例子吧。
遇到**複雜形狀的區塊**，在求解面積的時候，積分是非常便利的工具。

啊啊，不管是什麼形狀，只要細微分割確實就能夠求出正確的面積。

即便是
葫蘆狀的
區塊……

是的！然後，在前面的汽車例子，**面積表示「汽車的行駛距離」**。
除此之外，積分也可用來求出下述的數值。

▲	$f(▲)$	$\int f(▲)d▲$
t （時間）	力	衝量（impulse）
x （位置）	每單位區間的質量	總質量
x （位置）	每單位區間的慣量	慣量

嗯哼，**積分**是「**細微切割後，先相乘再相加起來**」，除了求面積本身外，也可用於其他地方。

積分的說明就講到這邊。
物理經常會使用到微積分。
不管是微分還是積分，都要好好跟它們相處喔～

因為這樣，今天就先學到這邊吧。

天色變暗了，差不多該回家了～

結、結果，沒有去成咖啡店，只走到離家徒步**3分鐘**的公園……

你在說什麼！離家徒步3分鐘，對我來說可是**大冒險**！

今天的冒險就到這邊吧。

哈、哈……

不過……雙親經常出差，自己又是家裡蹲，吃飯的時候怎麼辦？**妳有好好吃飯嗎？**

第 **4** 章

多變數函數的微積分

133

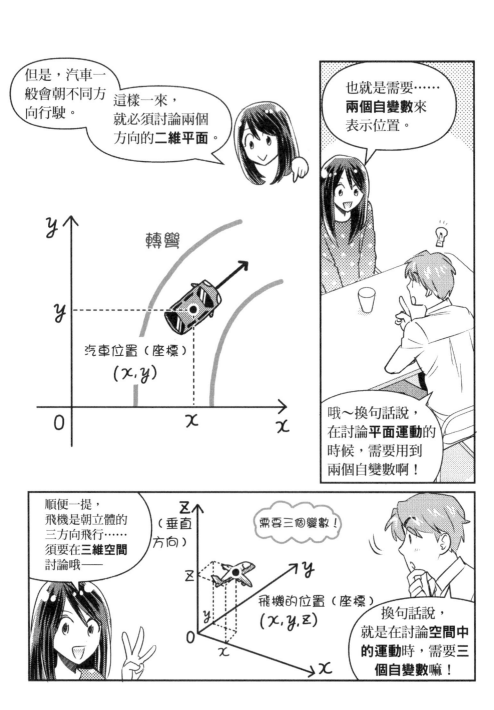

是的♪汽車、飛機、遊樂園的雲霄飛車、天體、背對背推擠遊戲……等等，

世上許多東西都不是筆直運動，而是朝多方向運動——

背對背推擠的遊戲，其實跟**分子運動**一樣！

為了**探討這般自由運動的物體**，

需要用到多變數函數的微積分哦！

多變數函數的微積分

原來如此、原來如此……！我明白了。

關於第3章的**單變數函數**和今天的**多變數函數**（例如**雙變數函數**），先來掌握兩者有什麼不同吧。

請看下面的表格～

單變數函數	多變數函數（例如雙變數函數）
$y = f(x)$	$z = f(x, y)$
用圖形來表示……	

在 xy 平面的二維平面上，函數 $f(x)$ 可畫成曲線。	在 (x, y, z) 的三維平面上，函數 $f(x, y)$ 可畫成曲面。
	★ 順便一提，三變數函數會是四維空間中的曲面。

喔——！將多變數函數畫成圖形後，不是曲線而是**曲面**啊。

沒錯。雙變數函數是三維空間中的曲面；三變數函數是四維空間中的曲面……如上所述，當變數有 $x_1, ..., x_n$ 等 n 個，則其函數 $f(x_1, ..., x_n)$ 表示 $n+1$ 維空間中的曲面。

◆ 多變數函數偏微分後變成偏導函數

那麼，接著來說**多變數函數**的「**微分**」。
如果有理解**單變數函數的微分**，應該就不會覺得很難。學長還記得內容嗎？

嗯……單變數函數**微分**後可得到**導函數**。
導函數是原函數**曲線**上某點的切線**斜率**（參見P.82）。
多變數函數的微分也同樣能夠求**曲線**的「**斜率**」吧。
但是，多變數函數不是曲線而是**曲面**，這該怎麼辦才好……？

只要抓住概念就很簡單哦～！空間中的**曲面**在某截面上會變成曲線，學長能夠想像嗎？感覺就像下圖的情況。

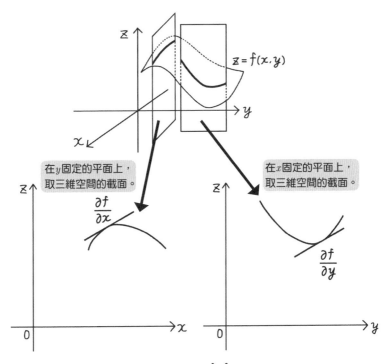

在 y 固定的平面上，取三維空間的截面。

在 x 固定的平面上，取三維空間的截面。

$$z = f(x, y)$$

$$\frac{\partial f}{\partial x}$$

$$\frac{\partial f}{\partial y}$$

啊啊！原來如此，取三維**空間**的截面，就能夠討論**平面**了。
這樣曲面也可想成是曲線，求出該曲面的斜率就行了！

那麼，先來求**對 x 軸的「斜率」**成分吧。

這相當於**在某 y 處取三維空間的截面**。

y 固定不移動、僅 x 發生變化的時候，會在前面圖左的 xz 二維平面上形成曲線。

然後，曲線可採用跟單變數一樣的做法，套用**極限**來做**微分**。

$$\lim_{h \to 0} \frac{f(x+h, y) - f(x, y)}{h}$$

這稱為「$f(x, y)$ 關於 x 的**偏導函數**（或者**偏微分係數**）」，有下面這幾種寫法。

然後，**固定其他變數、只對某變數做微分**，像這樣的操作稱為**「偏微分」**。

$$f_x(x, y), \quad \frac{\partial f}{\partial x}, \quad \left(\frac{\partial f}{\partial x} \right)_y$$

最後下標 y 的寫法，
用來強調**「函數 f 含有 y 變數，但該值固定不變」。**

啊，這麼說起來，我有看過 ∂ **的符號**（唸作 partial、round d、del 等）。

在**單變數函數的微分**，導函數是使用「d」……
在**多變數函數的偏微分**，偏導函數是使用「∂」啊。

偏微分如同其名，是**偏向關注** x 等變數來做微分嘛。此時，y 固定不變，不需要討論變化。

沒錯，
現在是以偏微分來「求對 x 軸的『斜率』成分」。

嗯哼。
那麼，若是想要「**求對y軸的『斜率』成分**」……？

哼哼哼，看來學長注意到了。
關於y的偏微分，可如下表示：

$$f_y(x, y) = \frac{\partial f}{\partial y} = \left(\frac{\partial f}{\partial y}\right)_x = \lim_{k \to 0} \frac{f(x, y+k) - f(x, y)}{k}$$

學會對這樣的多變數函數做偏微分後，就能夠求山坡斜面的**北側斜率**、**西側斜率**等。
登山時，可調查各個斜面的攻頂難易度。

在設計居家的排水管時，將**各個位置的高低差**表成二維變數，
能夠瞭解往哪邊比較容易排水。
多變數函數可用於各種不同的地方♪

什麼是全微分？

 這邊順便來介紹「**全微分**」。前面的偏微分是求「**曲線的斜率**」，而**全微分**是求「**整個曲面的斜率**」。

如果將曲面比喻為山巒，**偏微分**是「北側、西側等**單一方向的斜率**」，而**全微分**則是「**整體的斜率**」。

 全都是如同字面上的意思嘛。但是，具體的數學式是……

那麼，就來看**全微分的公式**吧！全微分是求「**曲面的斜率**」，可如下表示**曲面的高低差**。這條式子是 $f(x, y)$ 的全微分。

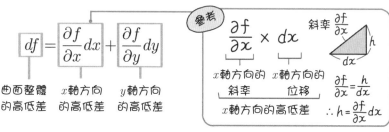

$$df = \frac{\partial f}{\partial x}dx + \frac{\partial f}{\partial y}dy$$

曲面整體　　x軸方向　　y軸方向
的高低差　　的高低差　　的高低差

參考

$$\frac{\partial f}{\partial x} \times dx$$

斜率 $\frac{\partial f}{\partial x}$

x軸方向的　x軸方向的
斜率　　　位移

x軸方向的高低差

$\frac{\partial f}{\partial x} = \frac{h}{dx}$

$\therefore h = \frac{\partial f}{\partial x}dx$

 簡單來說，**等同於朝x軸方向位移、再朝y軸方向位移**，用來描述**曲面的位置產生多少變化**嘛。

 全微分公式的推導

當函數 $f(x, y)$ 的 $x \to x + \Delta x$、$y \to y + \Delta y$，且 $f(x, y)$ 的偏導函數連續，則 $f(x, y)$ 的變化程度可如下表示：

$$\Delta f(x,y) = f(x + \Delta x, y + \Delta y) - f(x, y)$$
$$= \frac{\partial f}{\partial x}\Delta x + \frac{\partial f}{\partial y}\Delta y + \varepsilon_1 \Delta x + \varepsilon_2 \Delta y$$

換言之，整體的位移是「x軸方向的位移、y軸方向的位移與剩餘的成分」。

Δx、Δy 趨近0時，剩餘成分的 ε_1、ε_2 當然也會趨近0。因此，Δx、Δy 極小的時候，$\varepsilon_1 \Delta x$、$\varepsilon_2 \Delta y$ 會是極小×極小的數值，可忽略該值逼近成

$$\Delta f(x,y) = \frac{\partial f}{\partial x}\Delta x + \frac{\partial f}{\partial y}\Delta y$$

將 Δx、Δy 趨近0，就會是全微分的公式。

偏微分的運算特徵

這邊來整理偏微分的運算特徵。

◆三變數函數的偏微分
多變數函數的偏微分做法相同。三變數函數$f(x, y, z)$的偏導函數，可如下表示：

$$f_x(x,y,z) = \frac{\partial f}{\partial x} = \left(\frac{\partial f}{\partial x}\right)_{y,z}$$

$$f_y(x,y,z) = \frac{\partial f}{\partial y} = \left(\frac{\partial f}{\partial y}\right)_{z,x}$$

再更多變數的偏微分做法也相同

$$f_z(x,y,z) = \frac{\partial f}{\partial z} = \left(\frac{\partial f}{\partial z}\right)_{x,y}$$

◆關於二階偏導函數
做偏微方得到偏導函數後，會想要再進一步做偏微分。

首先，對雙變數函數的偏導函數再做一次偏微分。

雙變數函數的第一次偏微分可針對x或者y操作，第二次偏微分也可針對x或者y操作，最後會得到$2\times2＝4$種偏導函數。

$$\frac{\partial}{\partial x}f_x(x,y) = \frac{\partial^2 f}{\partial x^2} = f_{xx}(x,y)$$

$$\frac{\partial}{\partial y}f_x(x,y) = \frac{\partial^2 f}{\partial y \partial x} = f_{xy}(x,y)$$

$$\frac{\partial}{\partial x}f_y(x,y) = \frac{\partial^2 f}{\partial x \partial y} = f_{yx}(x,y)$$

$$\frac{\partial}{\partial y}f_y(x,y) = \frac{\partial^2 f}{\partial y^2} = f_{yy}(x,y)$$

三階以上的偏導函數，可用同樣的規則列舉結果。另外，三變數以上的函數也是相同的操作。

◆偏微分的順序可改變
若這些二階導函數為連續函數，則下式成立：

$$f_{xy}(x,y) = f_{yx}(x,y)$$

換言之，改變偏微分的順序也沒有關係。例如$f(x, y)＝xy^2$時，

$$f_x(x,y) = y^2$$

$$f_{xy}(x.y) = 2y$$

另一方面

$$f_y(x,y) = 2xy$$

$$f_{yx}(x,y) = 2y$$

「先對x做偏微分，再對y做偏微分」和「先對y做偏微分，再對x做偏微分」，**結果相同**都是$2y$！

143

◆ **多變數函數的波**

深谷學長，
我想請問一下，

「聲音」「地震」
「光」「電波」
……

它們有什麼
共同點？

聲音　地震

光　電波

啊！
它們都是
波嘛！

波！

許多物理現象都是
波（波動）造成的。

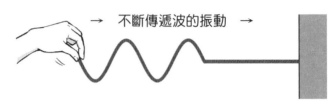

如同高中物理所學，**波（波動）**是**不斷傳遞振動的現象**。
沿循著某個方向來傳遞振動。

→ 不斷傳遞波的振動 →

上圖是將繩索固定在牆壁，再用手上下擺動來產生波嘛。雖然
聲波、光波無法以肉眼觀察，但可用看得見的繩索，就可以幫
助掌握波的樣貌。

那麼，試著拍攝繩波擺動的照片吧。
這張照片是**靜止於時間t的**快照。

波的大小……也就是**波的位移**$y = f(x, t)$，可如下表示。
假設$t = 0$來畫「**固定時間t**」的圖形，會畫出**位置**x和**位移**y的**關
係圖**。

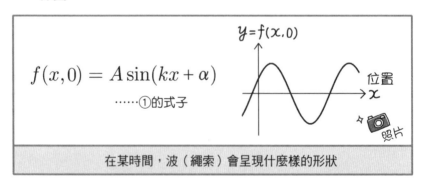

$$f(x, 0) = A \sin(kx + \alpha)$$

……①的式子

$y = f(x, 0)$

位置
x

照片

在某時間，波（繩索）會呈現什麼樣的形狀

$t = 0$時會拍出0秒後的照片；$t = 1$時會拍出1秒後的照片……諸
如此類。
描述波的形狀時，會使用到三角函數的**sin、cos（正弦波）**。
A是波的振幅，那麼「k」和「a」是什麼……？

k是「**波數**」，用來**描述波形的物理量**。
k值愈大，則**波長**（每個波的波長）**愈短**，也就是**頻率愈高**（每秒反覆波的個數多。「頻率」是指「每秒內的振動次數」）。

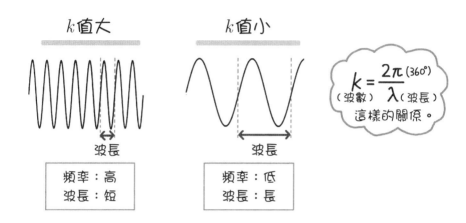

k值大

k值小

$$k = \frac{2\pi \,(360°)}{\lambda \,(\text{波長})}$$
（波數）
這樣的關係。

波長

波長

| 頻率：高 |
| 波長：短 |

| 頻率：低 |
| 波長：長 |

 然後，「a」是**對應$x=0$時波位移的常數**。
$x=0$時，波未必沒有位移……不一定會是$y=0$。

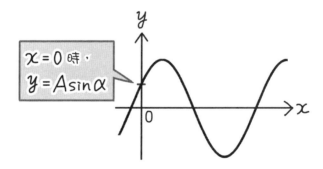

$x=0$時，
$y = A\sin\alpha$

 啊啊，上圖就是在$x=0$有位移的情況嘛。
我明白了。

 順便一提，適當選取x、t的原點，a的值可假設為0。
所以，後面講解的式子會省略a。

◆ 固定位置的波變化

前面是**靜止於時間t時**的波變化，針對「$t=0$」進行討論。
接著，我們來探討**固定位置x時**的波變化吧！
換句話說，就是**關注波的某一點**。

例如，在繩索一處綁上緞帶，則該**緞帶會隨時間做什麼樣的運動呢？**

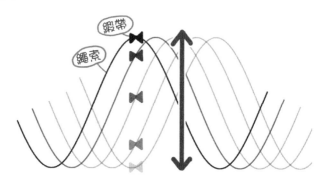

啊！看圖就一目瞭然了！
關注波的某一點（緞帶），該點是做「上下運動」。
繩索的波本來就是經由手**上下運動**所產生的。

沒錯！
反覆上下運動會形成上上下下的**波形**。關於這個上下運動的波，數學式可如下表示：

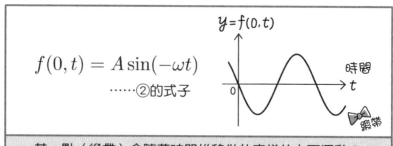

$$f(0, t) = A \sin(-\omega t)$$

……②的式子

$y = f(0, t)$

時間 t

緞帶

某一點（緞帶）會隨著時間推移做什麼樣的上下運動？

由於是假設 $x=0$ 討論「**固定位置 x**」的圖形，會畫出 t 和 y 的**關係圖**。

前面的**式①**表示繩索的波形，這次的**式②**則表示緞帶的運動。請設想**緞帶綁在 $x=0$ 的位置**。

嗯⋯⋯的確，這個 ω 是「**角頻率**」，用來表示**每單位時間的波位移變化**。

位移是指兩波之間的**偏移**。簡單來說，ωt 是指「**波的偏移大小**」。

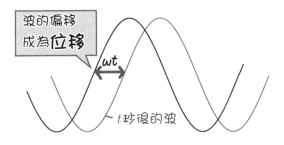

波的偏移成為**位移**

ωt

t 秒後的波

那麼，這樣就瞭解①和②兩個式子的意思了吧。
接下來的內容很重要。

當想要隨時隨地觀測該波，會列出**含有兩變數 x 和 t 的波動函數** $f(x,\ t)$。由於波是以速度 $v=\omega/k$ 傳播，位置 x 的位移會比位置 0 晚 $x/v=kx/\omega$ 的時間出現。
因此，將②的 t 代入 $t-kx/\omega$ 後，任意位置 x 在時間 t 的位移可如下表示：

$$f(x,t) = A\sin(kx - \omega t)$$

這就是**波動的函數方程式**哦。
順便一提，假設 $t=0$ 時，函數會變成式①（令 $a=0$ 的式子）。

哦——
換句話說，對這個函數做**微分**，**就可以從各種面向分析波的運動**了。

對波動函數做偏微分

 那麼，將剛才的函數分別**對 x 和 t 做兩次偏微分**吧！

$$f(x, t) = A\sin(kx - \omega t)$$

 做兩次偏微分

$$\frac{\partial^2 f}{\partial x^2} = -k^2 A\sin(kx - \omega t)$$

$$\frac{\partial^2 f}{\partial t^2} = -\omega^2 A\sin(kx - \omega t)$$

參考

$$\frac{\partial f}{\partial x} = \underset{x\text{的係數}}{k} \cdot A\underset{(\sin)'}{\cos}\underset{\text{將}x\text{以外的變數視為常數}}{(kx - \omega t)}$$

$$\frac{\partial f}{\partial t} = \underset{t\text{的係數}}{(-\omega)} \cdot A\underset{(\sin)'}{\cos}\underset{\text{將}t\text{以外的變數視為常數}}{(kx - \omega t)}$$

已知 $(\cos)' = -\sin$

 嗯……總覺得兩個式子好像。

 是的。**將兩個式子代入波的速度公式，整理後**可得到如下的關係式。鏘鏘！

波的速度公式

由 $\quad v\,(\text{速度}) = \dfrac{\omega\,(\text{角頻率})}{k\,(\text{波數})} \quad$ 推得 $\quad \omega^2 = v^2 k^2$

$$\frac{\partial^2 f}{\partial t^2} = v^2\frac{\partial^2 f}{\partial x^2}$$

一維波動方程式

 這正是所謂的「**一維波動方程式**」哦！

嘿——是這樣啊。

深谷學長竟然沒有很感動！
這個波動方程式，**在討論各種有關波的物理現象時，可是非常重要的基本方程式**哦。
熟練使用這個方程式，能夠知道**波做什麼樣的運動**。

喔喔！若是這樣的話，那就真的很重要。
換句話說，「光波」「聲波」「地震」「電波」……等，不管接觸哪個領域，都會用到這個方程式嘛。

沒錯～總而言之，這邊要知道的是……
物理中非常重要的「**波動方程式**」，是以「**偏微分方程式**」的**形式來表示**。
也就是說，**波也可表示成偏微分**！
這樣不難理解偏微分的重要性吧～

嗚……的確。
若不會使用**多變數函數、偏微分等各種便利的工具**，根本不可能處理波的問題嘛……

是的。
如果沒有清楚理解偏微分，後面可是會吃盡苦頭的哦～

好……

3 圓柱座標、球座標的微分

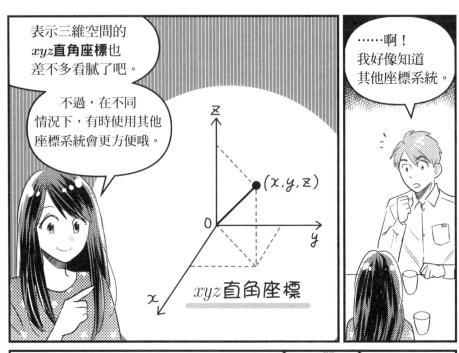

表示三維空間的 xyz**直角座標**也差不多看膩了吧。

不過，在不同情況下，有時使用其他座標系統會更方便哦。

xyz直角座標

……啊！我好像知道其他座標系統。

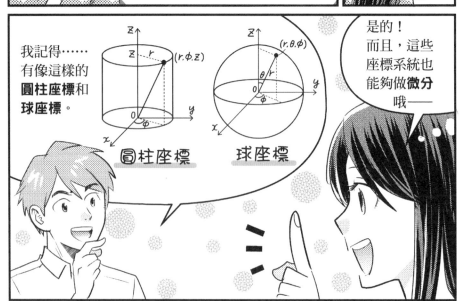

我記得……有像這樣的**圓柱座標**和**球座標**。

圓柱座標　　球座標

是的！而且，這些座標系統也能夠做**微分**哦——

圓柱座標的偏微分

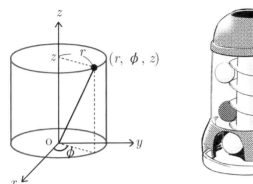

圓球邊旋轉
邊滾落

首先來講「**圓柱座標**」。圓柱座標是用來表示空間中的點的，包含 xy 平面的投影點到原點的距離 r、投影點連線原點與 x 軸的夾角 ϕ，以及 z 軸值。

此座標適用於描述線對稱的對象、螺旋運動，如孩童玩具（參見上圖右）的滾球運動、磁場中帶電粒子的迴轉運動等，都可使用圓柱座標簡單描述。

直角座標系統 (x, y, z) 和圓柱座標系統 (r, ϕ, z) 的關係，如下所示：

$$r = \sqrt{x^2 + y^2}$$
$$\phi = \tan^{-1}\left(\frac{y}{x}\right)$$
$$z = z$$

其中，$r \geq 0$、$0 \leq \phi \leq 2\pi$。反過來說，圓柱座標可如下以直角座標表示：

$$x = r\cos\phi$$
$$y = r\sin\phi$$
$$z = z$$

那麼，dx、dy、dz 該怎麼用 dr、$d\phi$、dz 來表示呢？
為此，先做 $3 \times 3 = 9$ 個運算求出各成分的偏微分：

$$\frac{\partial x}{\partial r} = \frac{\partial}{\partial r}(r\cos\phi) = \cos\phi, \quad \frac{\partial x}{\partial \phi} = \frac{\partial}{\partial \phi}(r\cos\phi) = -r\sin\phi, \quad \frac{\partial x}{\partial z} = 0$$

$$\frac{\partial y}{\partial r} = \frac{\partial}{\partial r}(r\sin\phi) = \sin\phi, \quad \frac{\partial y}{\partial \phi} = \frac{\partial}{\partial \phi}(r\sin\phi) = r\cos\phi, \quad \frac{\partial y}{\partial z} = 0$$

$$\frac{\partial z}{\partial r} = 0, \qquad\qquad\qquad\quad \frac{\partial z}{\partial \phi} = 0, \qquad\qquad\qquad\quad \frac{\partial z}{\partial z} = 1$$

153

整合9個偏微分，得到

$$dx = \frac{\partial x}{\partial r}dr + \frac{\partial x}{\partial \phi}d\phi + \frac{\partial x}{\partial z}dz$$

$$dy = \frac{\partial y}{\partial r}dr + \frac{\partial y}{\partial \phi}d\phi + \frac{\partial y}{\partial z}dz$$

$$dz = \frac{\partial z}{\partial r}dr + \frac{\partial z}{\partial \phi}d\phi + \frac{\partial z}{\partial z}dz$$

三條式子可如下使用矩陣表示：

$$\begin{pmatrix} dx \\ dy \\ dz \end{pmatrix} = \begin{pmatrix} \frac{\partial x}{\partial r} & \frac{\partial x}{\partial \phi} & \frac{\partial x}{\partial z} \\ \frac{\partial y}{\partial r} & \frac{\partial y}{\partial \phi} & \frac{\partial y}{\partial z} \\ \frac{\partial z}{\partial r} & \frac{\partial z}{\partial \phi} & \frac{\partial z}{\partial z} \end{pmatrix} \begin{pmatrix} dr \\ d\phi \\ dz \end{pmatrix}$$

$$= \begin{pmatrix} \cos\phi & -r\sin\phi & 0 \\ \sin\phi & r\cos\phi & 0 \\ 0 & 0 & 1 \end{pmatrix} \begin{pmatrix} dr \\ d\phi \\ dz \end{pmatrix} = A \begin{pmatrix} dr \\ d\phi \\ dz \end{pmatrix} \cdots\cdots①$$

其中，將矩陣A如下定義：

$$A = \begin{pmatrix} \cos\phi & -r\sin\phi & 0 \\ \sin\phi & r\cos\phi & 0 \\ 0 & 0 & 1 \end{pmatrix}$$

接著，這邊來討論函數$f(x, y, z)$對(r, ϕ, z)的一階偏導函數。
首先，將式①轉置後代入②的$(dx\ dy\ dz)$：

$$df = \frac{\partial f}{\partial x}dx + \frac{\partial f}{\partial y}dy + \frac{\partial f}{\partial z}dz = (dx\ dy\ dz) \begin{pmatrix} \frac{\partial f}{\partial x} \\ \frac{\partial f}{\partial y} \\ \frac{\partial f}{\partial z} \end{pmatrix} \cdots\cdots②$$

$$= \frac{\partial f}{\partial r}dr + \frac{\partial f}{\partial \phi}d\phi + \frac{\partial f}{\partial z}dz = (dr\ d\phi\ dz) \begin{pmatrix} \frac{\partial f}{\partial r} \\ \frac{\partial f}{\partial \phi} \\ \frac{\partial f}{\partial z} \end{pmatrix} \cdots\cdots③$$

得到

再加上式③，得到

$$(dx\ dy\ dz) = (dr\ d\phi\ dz)A^t$$

$$df = (dr\ d\phi\ dz) A^t \begin{pmatrix} \frac{\partial f}{\partial x} \\ \frac{\partial f}{\partial y} \\ \frac{\partial f}{\partial z} \end{pmatrix} = (dr\ d\phi\ dz) \begin{pmatrix} \frac{\partial f}{\partial r} \\ \frac{\partial f}{\partial \phi} \\ \frac{\partial f}{\partial z} \end{pmatrix}$$

所以，

$$\begin{pmatrix} \frac{\partial f}{\partial r} \\ \frac{\partial f}{\partial \phi} \\ \frac{\partial f}{\partial z} \end{pmatrix} = A^t \begin{pmatrix} \frac{\partial f}{\partial x} \\ \frac{\partial f}{\partial y} \\ \frac{\partial f}{\partial z} \end{pmatrix} = \begin{pmatrix} \cos\phi & \sin\phi & 0 \\ -r\sin\phi & r\cos\phi & 0 \\ 0 & 0 & 1 \end{pmatrix} \begin{pmatrix} \frac{\partial f}{\partial x} \\ \frac{\partial f}{\partial y} \\ \frac{\partial f}{\partial z} \end{pmatrix}$$

這樣就完成了圓柱座標的偏微分！

不過，在這樣座標轉換的時候，須要注意幾個地方。
在前面由圓柱座標表示的座標，推導直角座標的偏微分時，會想要直接取各偏導函數的倒數吧。例如：

$$\frac{\partial r}{\partial x} = \frac{1}{\frac{\partial x}{\partial r}} \quad （反函數的微分思維）$$

但是，這樣的操作正確嗎？下面實際推導看看。

$$\frac{\partial r}{\partial x} = \frac{x}{\sqrt{x^2 + y^2}} = \frac{x}{r} = \cos\phi$$

$$\frac{\partial x}{\partial r} = \cos\phi$$

$$\frac{\partial r}{\partial x} \neq \left(\frac{\partial x}{\partial r}\right)^{-1} \quad \text{!?}$$

> 參考
>
> 反函數的微分
>
> $$\frac{dy}{dx} = \frac{1}{\frac{dx}{dy}}$$
>
> （y對x做微分）
> = （x對y做微分再取倒數）

為什麼結果不一樣呢？因為 $\frac{\partial r}{\partial x}$ 是在固定 y、z 的情況下，朝 x 軸方向微小運動時的偏微分，而 $\frac{\partial x}{\partial r}$ 是在固定 ϕ、z 的情況下，朝 r 方向上微小運動時的偏微分。

◆ 球座標的偏微分

接著，討論適用於描述向心力的「球座標」。

球座標是用來描述全空間中的點，包含與原點的距離 r、該點與 z 軸的夾角 θ，以及 xy 平面的投影點連線原點與 x 軸的夾角 ϕ。轉換後可如下表示：

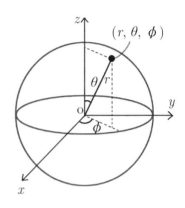

$$x = r\sin\theta\cos\phi$$
$$y = r\sin\theta\sin\phi$$
$$z = r\cos\theta$$

其中，$r \geq 0$、$0 \leq \theta < \pi$、$0 \leq \phi < 2\pi$。這次也努力將球座標轉為直角座標吧。下面僅收錄最終結果。

$f(x, y, z)$ 對 (r, θ, ϕ) 的偏微分，可如下表示：

$$
\begin{pmatrix} \frac{\partial f}{\partial r} \\ \frac{\partial f}{\partial \theta} \\ \frac{\partial f}{\partial \phi} \end{pmatrix} = \begin{pmatrix} \frac{\partial x}{\partial r} & \frac{\partial y}{\partial r} & \frac{\partial z}{\partial r} \\ \frac{\partial x}{\partial \theta} & \frac{\partial y}{\partial \theta} & \frac{\partial z}{\partial \theta} \\ \frac{\partial x}{\partial \phi} & \frac{\partial y}{\partial \phi} & \frac{\partial z}{\partial \phi} \end{pmatrix} \begin{pmatrix} \frac{\partial f}{\partial x} \\ \frac{\partial f}{\partial y} \\ \frac{\partial f}{\partial z} \end{pmatrix}
$$

$$
= \begin{pmatrix} \sin\theta\cos\phi & \sin\theta\sin\phi & \cos\theta \\ r\cos\theta\cos\phi & r\cos\theta\sin\phi & -r\sin\theta \\ -r\sin\theta\sin\phi & r\sin\theta\cos\phi & 0 \end{pmatrix} \begin{pmatrix} \frac{\partial f}{\partial x} \\ \frac{\partial f}{\partial y} \\ \frac{\partial f}{\partial z} \end{pmatrix}
$$

順便一提，有的時候不使用球座標系統，反而會變成複雜的數學式。例如，因向心力產生勢能 $V(x, y, z)$ 時的質點運動。

$$V(x, y, z) = \frac{k}{\sqrt{x^2 + y^2 + z^2}}$$

若討論的向心力是質量 M 物體產生的萬有引力，則 $k = -GM$（G 為萬有引力常數）；若是電量 e 的電荷在真空中產生的庫倫電場，則 $k = \frac{1}{4\pi\varepsilon_0}e$（$\varepsilon_0$ 為真空的導電率）。

假設我們想要求的是，此時對與中心距離r（$r^2 = x^2 + y^2 + z^2$）的單位質量或者單位電荷的作用力。若不利用球座標系統，則得先計算力的x、y、z軸成分，如x方向的作用力F_x為（y方向的作用力F_y、z方向的作用力F_z也是相同的算法）

$$F_x = -\frac{\partial V}{\partial x} = \frac{kx}{(x^2 + y^2 + z^2)^{3/2}}$$

計算過程相當複雜……

另一方面，若利用球座標系統，勢能可簡單表為

$$V(r) = \frac{k}{r}$$

向心力F_r也可簡單表為

$$F_r = -\frac{\partial V}{\partial r} = \frac{k}{r^2}$$

 根據情況區分使用座標系統，有助於探討不同的物理現象。不管是圓柱座標還是球座標，都要能夠熟練使用。

4 多變數函數的「積分」

微小的 面積

$f(x)$

Δx

微小的 體積

Δx

Δy

$f(x,y)$

請回想一下。

上次學的**單變數函數的積分**（參見P.118），是相加「如同籤條的長方形」的**微小面積**。

但是，這次的多變數函數例如**雙變數函數的積分**相加「如同炸薯條的長體」的**微小體積**。

嘿～
討論的不是「微小面積」而是「微小體積」！

咦──

微小的 ~~面積~~

↓

體積

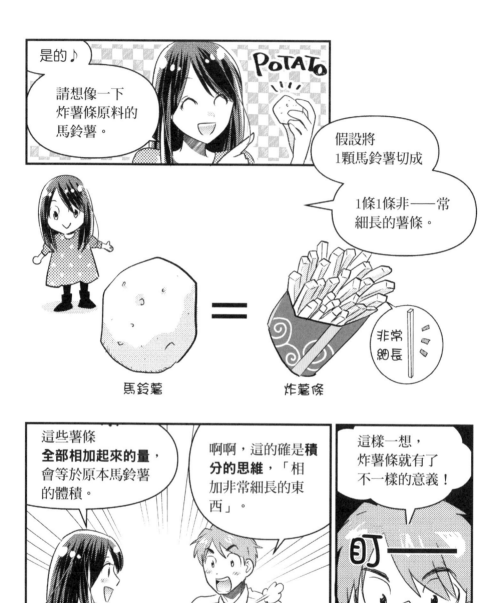

◆ 面積分、線積分、體積分

那麼，接著討論**多變數函數的積分**吧。
首先，要能夠清楚理解**積分的範圍（領域）**。

積分的範圍嗎？我記得……**單變數函數**$y = f(x)$的積分，是以x**的範圍**決定積分區間。
積分的範圍是x軸中的領域（如從a到b）嘛。

沒錯。那麼，**雙變數函數**$z = f(x, y)$會如何呢？
此時，**成對**(x, y)的可能值範圍其實就是積分範圍。
如下圖所示，xy**平面內的某區域**（下圖為區域D）表示積分範圍。

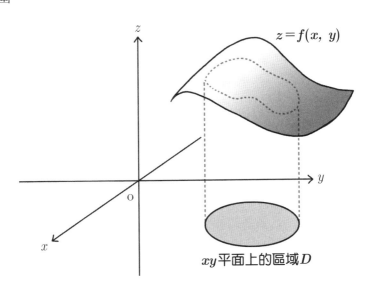

〈雙變數函數的積分範圍（區域）示意圖〉

單變數函數的積分範圍是x軸上的線狀。
然而，如上圖所示，雙變數函數的積分範圍變成xy**平面的面狀**。
所以，**雙變數函數的積分稱為「面積分」**，或者更單純地稱為**「雙重積分」**。

順便一提，區域D未必是平面，也可以是xy**平面內的彎曲線條**哦。此時會稱為「**線積分**」。

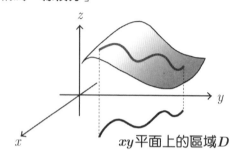

xy平面上的區域D

若積分範圍為面，稱為「面積分」；若積分範圍為線，稱為「線積分」。
瞭解意思後，就會發現挺單純的！

那麼，**三變數函數**$w = f(x, y, z)$會如何呢？此時，(x, y, z)的可能值範圍就是積分範圍，變成xyz**空間內的立體**。

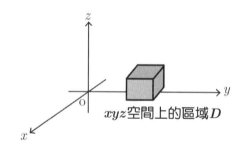

xyz空間上的區域D

所以，**三變數函數的積分稱為「體積分」**，或者更單純地稱為「**三重積分**」哦！

那麼，**四變數函數**如何呢？會產生這個疑問吧。
但是，這已經沒辦法畫出圖形，所以沒有特別的名稱，一般會直接稱為四重積分、五重積分……等。
因此，像這樣含有**兩個以上變數的積分**，通常稱為「**多重積分**」或者「**重積分**」哦！

嗯哼，多變數函數的積分範圍也會跟著擴張啊。
比起冗長的「雙變數函數的積分」，「**面積分**（雙重積分）」的說法更簡易。看來得好好記住這些用語才行！

面積分（雙重變數的積分）的思維

 那麼，接著說明**面積分**的思維吧。

只要回想單變數的積分步驟，應該不難理解才對。

然後，也請具體想像前面的炸薯條（P.159）哦～

單變數的積分是，相加定義區間中的函數值$f(x) \times$ 微小區間$\triangle x$。

$$\int f(x)dx \equiv \lim_{\triangle x \to 0} \sum_{i=1}^{n} f(\xi_i)\triangle x_i \qquad (\xi_i 是區間 \triangle x_i 的點)$$

對雙變數函數套用同樣的作業。操作重點是「回想製作薯條時的情況」，薯條是馬鈴薯切割成籤條狀的炸物。下圖的區域D請想成是，切半馬鈴薯置於砧板上時的剖面。

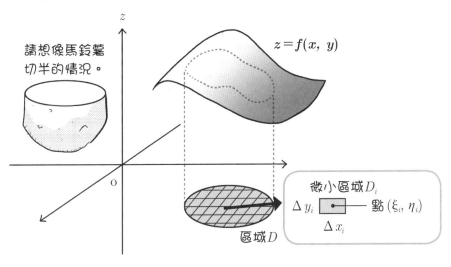

首先，將區域D細切成n個微小區域D_1、D_2、……、D_n，就像是把馬鈴薯切細成薯條。例如，假設含點(ξ_i, η_i)的微小區域D_i是， x軸方向長度為$\triangle x$、y軸方向長度為$\triangle y$的長方形，則該面積可寫成$\triangle S_i = \triangle x_i \triangle y_i$。這就相當於一條條炸薯條的截面積。

令分割n個微小區域中的最大面積為$\triangle S$，縮小$\triangle x_i$、$\triangle y_i$取其極限：

$$\lim_{\Delta S \to 0} \sum_{i=1}^{n} f(\xi_i, \eta_i) \Delta S_i = \lim_{\Delta S \to 0} \sum_{i=1}^{n} f(\xi_i, \eta_i) \Delta x_i \Delta y_i$$

收斂至某值的時候，該極限式子可如下表示：

$$\iint_D f(x, y) dx dy$$

此計算究竟代表什麼意思呢？$f(x, y)$代表在位置(x, y)處切割的薯條高度；$f(\xi_i, \eta_i) \triangle x_i \triangle y_i$代表「1條薯條的高度×截面積」，也就是1條薯條的體積。無止盡大量集結的細長薯條，求出來的量就會是原來的馬鈴薯體積。

若再描述得更數學一點，
$\iint_D f(x, y) dx dy$等於曲面$z = f(x, y)$、xy平面上的區域D、通過D邊界並與z軸平行的圓柱曲面，三者所圍成的立體體積。
其中，令$f(x, y) = 1$時，會等於區域D的面積S。

$$\iint_D 1 dx dy = \iint_D dx dy$$

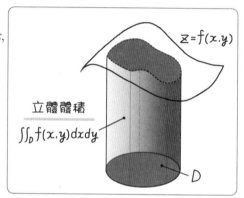

呼～雖然有些複雜，但多虧薯條和馬鈴薯的幫忙，終於能夠弄懂了——
面積分（雙重積分）會有兩個$\int$（積分符號、integral）。

是的♪順便一提，**體積分（三重積分）會是立體**的微小區間。相加定義於該區間的函數，雖然沒辦法實際畫出圖形，但可用跟面積分同樣的做法來積分。

體積分（三重積分）會有三個$\int$，記為 $\iiint_D f(x, y, z) dx dy dz$ 哦——

接著，透過實際問題來看怎麼計算面積分。

雖然出現了很多符號，看起來相當複雜，但不要被迷惑，確實注意**變數x和變數y的雙變數**吧！

積分是「相加非常細長的東西」。**雙變數**的積分重點是，「**先固定其中一個變數來做積分**」。

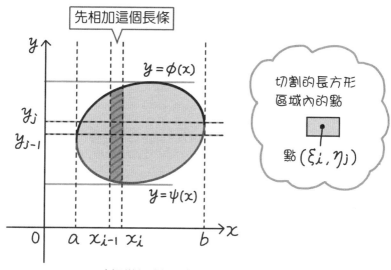

〈細微切割區域D的示意圖〉

接著依序討論面積分的計算。如上圖所示，

$$D : a \leq x \leq b, \quad \psi(x) \leq y \leq \phi(x)$$

討論此區域的面積分吧。

切割區域D，先縱向切成平行於y軸的直線$x = x_i$（$i = 0, 1, 2, ..., n$），並假設$x_0 = a$、$y_0 = b$，再橫向切成平行於x軸的直線$y = y_j$（$j = 0, 1, 2, ..., n$）。如此一來，長方形微小區域的集合會是

$$D_{ij} = \{(x, y) : x_{i-1} \leq x \leq x_i, y_{j-1} \leq y \leq y_j\}$$

須要稍微注意的是，此方法所切割的長方形區域，並非完全落在區域D的內部，長方形的角落會超出範圍。因此，這邊得選擇適當的m_i、M_i

165

（$m_i < M_i$），僅對滿足$m_j \leq j \leq M_j$的j取D_{ij}和D共有的點，各區域內的點可選擇$x_{i-1} \leq \xi_i \leq x_i$、$y_{j-1} \leq \eta_i \leq y_i$的($\xi_i$, η_i)。

那麼，接著就來做積分。先固定i、沿著y方向相加$f(\xi_i, \eta_i) \times (y_j - y_{j-1})$，再針對$i$沿著$x$方向相加：

沿著x方向相加

$$\iint_D f(x,y)dxdy = \lim_{\Delta S \to 0} \sum_{i=1}^{n} \left(\sum_{j=m_i}^{M_i} f(\xi_i, \eta_j)(y_j - y_{j-1}) \right) (x_i - x_{i-1})$$

面積分
（雙重積分）

固定x座標（i），
沿著y方向相加

取$\Delta S \to 0$的極限時，($y_j - x_{j-1}$)、($x_i - x_{i-1}$)也會趨近0。上式大型括號中的式子是單變數積分，這部分的計算應該沒問題吧！
固定$x = \xi_i$的時候，積分範圍是y的可能值範圍$\psi(\xi_i)$到$\phi(\xi_i)$。所以積分會是

$$\sum_{j=m_i}^{M_i} f(\xi_i, \eta_j)(y_j - y_{j-1}) \to \int_{\psi(\xi_i)}^{\phi(\xi_i)} f(\xi_i, y)dy \equiv g(\xi_i)$$

相加後相當於前圖（P.165）左邊的縱向長條。此積分結果已經沒有變數y，變成僅有ξ_i的函數。整條式子變成針對i的相加，同樣是單變數的積分。由x的可能值範圍為$a \leq x \leq b$，可得

$$\sum_{i=1}^{n} g(\xi_i)(x_i - x_{i-1}) \to \int_a^b g(x)dx$$

因此，原本的面積分會是

$$\iint_D f(x,y)dxdy = \int_a^b dx \int_{\psi(x)}^{\phi(x)} f(x,y)dy$$

按照y、x的順序做兩次單變數積分。

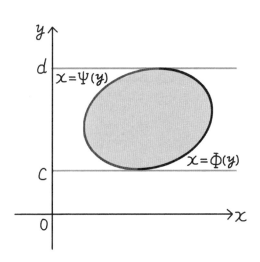

然後，再回來討論前圖的區域吧。

如上圖所示，同樣的區域也可定義成$\psi(y) \leq x \leq \phi(y)$、$c \leq y \leq d$。此時，面積分能夠換成$x \to y$的順序來處理，可表示成

$$\iint_D f(x, y)dxdy = \int_c^d dy \int_{\Psi(y)}^{\Phi(y)} f(x, y)dx$$

由於積分的順序允許改變，能夠按照喜歡的方式（容易推導的方式）來計算。

如上所述，逐一針對變數（暫且固定其他變數）做積分的方式，稱為**逐次積分**（repeated integral）。

不管是體積分$\iiint_D f(x, y, z)dxdydz$，還是更多變數的積分，基本上都是相同的積分方式。

◆ 極座標、圓柱座標、球座標的積分

前面只討論了直角座標系統的積分。

不過，有時也會遇到使用**極座標、圓柱座標、球座標**的情況。

後面接著來說明該怎麼處理這些座標的**多重積分（面積分、體積分）**。

◇**極座標的面積分**

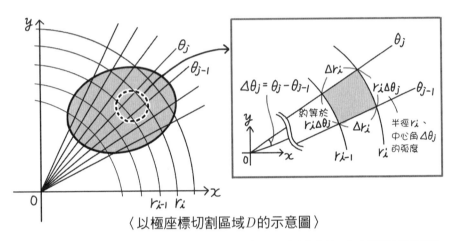

〈以極座標切割區域 D 的示意圖〉

上圖是以極座標切割區域的示意圖。極座標包含與原點的距離 r、與 x 軸的正向夾角 θ，當圖形被距中心原點 O 半徑 $r = r_i$ ($i = 0,1,2,\cdots$) 的圓，和從原點 O 延伸的半直線 $\theta = \theta_j$ ($j = 0,1,2,\cdots$) 切割，此時的微小區域面積會如何呢？

雖然實際的圖形不同，但因極為微小可視為近似長方形。r 方向的長度為 $\Delta r_i = r_i - r_{i-1}$，而 θ 方向的長度會隨 r 而改變，相同 θ 的區域面積會有所不同。固定 i 的時候，θ 方向的長方形程度約為 $r_i \Delta \theta_j$，微小區域的面積會是 $\Delta r_i \times (r_i \Delta \theta_j) = r_i \Delta r_i \Delta \theta_j$ と。

由於 $x = r\cos\theta$、$y = r\sin\theta$，可如下進行座標轉換：

$$\iint_D f(x,y)dxdy = \iint_D f(r\cos\theta, r\sin\theta)rdrd\theta$$

接著再逐次積分就行了。不過，請別忘記逐次積分的範圍（領域 D 的邊界）須要因 r、θ 的條件而改變。

◇圓柱座標、球座標的體積分

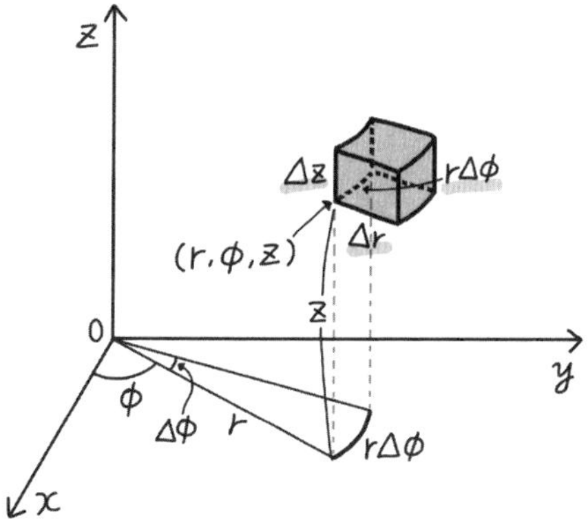

〈圓柱座標的微小區域〉 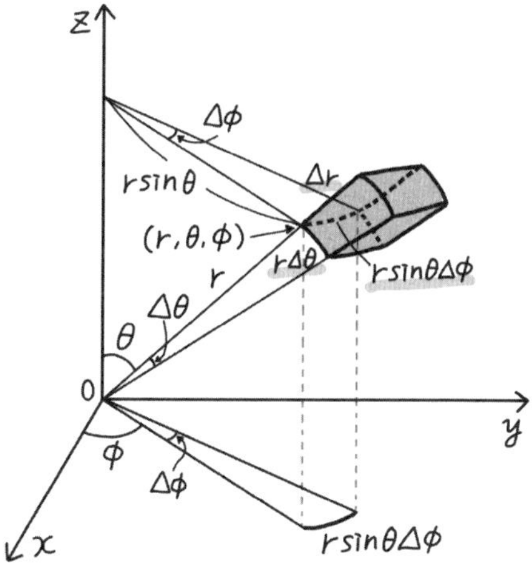　　　〈球座標的微小區域〉

同樣地，欲以圓柱座標、球座標做體積分時，也得先使用圓柱座標、球座標表示微小區域的體積。

圓柱座標的微小領域會是如同切塊鳳梨的形狀，但由於極為微小，可視為近似長方體來求體積。該體積可用 r、ϕ、z 表示成 $\Delta V = \Delta r \times r \Delta \phi \times \Delta z$，而體積元素為 $dV = r\,dr\,d\phi\,dz$。細節請見上面的左圖。

同理，如同上面的右圖，球座標的微小區域會是楔形的形狀，這個也可視為長方體。

體積可用 r、θ、ϕ 表示成 $\Delta V = \Delta r \times r \Delta \theta \times r\sin\theta \Delta \phi$，而體積元素為 $dV = r^2 \sin\theta\,dr\,d\theta\,d\phi$。

◆ 以微分方程式求函數的解

那麼，今天最後來講**含有微分的方程式**⋯⋯「**微分方程式**」吧！

首先，請看這張圖。

求解普通的方程式時，會得到數字的解。

而求解微分方程式時，會得到**「函數」的解**！

真棒～♪

鏘～

普通的方程式	微分方程式
$2x = 4$	$y' = f(x)$
⬇	⬇
(解) $x = 2$ ~~~~~ 數字	(解) $y = \int f(x)\,dx$ ~~~~~ 函數！

嗯⋯⋯就算跟我說**可求函數的解**，我也是一頭霧水，沒有任何頭緒⋯⋯

嗯⋯⋯這有什麼用處嗎？

$$\frac{d^2x}{dt^2} + \frac{k}{m}x = 0$$

$$\frac{dN(t)}{dt} = -pN(t)$$

仔細觀看會發現，
運動方程式也是
微分方程式！
（說明請見P.174）

$$F = m\frac{d^2x}{dt^2}$$

$$m\frac{d^2x}{dt^2} = -kx - b\frac{dx}{dt}$$

這可有非——常
大的用處哦！

在物理學中，
各個地方都有
微分方程式。

透過這些微分方程
式求得函數的解，
**能夠探討各種不同
的物理現象。**

哦～
雖然微分方程式感覺
很困難，但我對物理
現象非常有興趣！

◆ 微分方程式的用語

首先，說明一下有關微分方程式的用語。
請回想一下前面提到的這張圖。

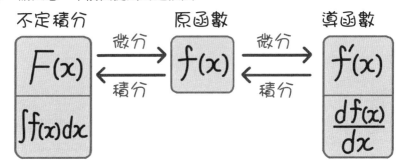

微分方程式，顧名思義是指**含有微分的方程式**。
其他說法還有……藉由帶有**導函數**的**等式**，描述「微分後函數
與原函數的關係」。

啊啊。前面看到的式子 $y' = f(x)$（參見漫畫P.170），的確非
常單純地描述了「微分後函數（導函數）與原函數的關係」。

然後，微分方程式有單一自變數的「**常微分方程式**」，和多個
自變數的「偏微分方程式」，後面要講的就是常微分方程式。
另外，根據**處理的微分階數**，又分為**一階**常微分方程式、**二階**
常微分方程式等哦。

嗯哼。這麼說起來，我好像聽過微分方程式的解，有「**一般
解**」和「**特殊解**」……這是什麼意思？

總是滿足方程式解為**一般解**，裡頭包含**任意常數**。
然後，在**一般解**當中，滿足特定條件的解為**特殊解**。

舉例來說，一階微分方程式的一般解含有**1個任意常數**。
這由積分一次後可消去微分應該不難理解吧。因此，只需要1
個條件就可決定特殊解。
n階微分方程式的解含有n個任意常數，總共需要n個初始值、
邊界值。

173

然後，一階微分方程式有時也會求，在特定點x_0滿足**初始條件** $y(x_0) = y_0$ 的「**特殊解**」。這稱為**求解初始值問題**。

初始值的確很重要。

在討論位置隨時間推移而改變的物體運動時……

「時間推移為0的時候，物體原先在什麼位置」等，須要留意**初始條件**。

經過這麼多的說明，接著來討論「微分方程式」的問題吧。

首先介紹「**分離變數法**」的**微分方程式解法**，接著再舉兩個物理問題。

運動方程式是微分方程式！

物理各個地方都有出現微分方程式。

例如，運動方程式$F = ma$的加速度a，可看作位置x對時間的二階導函數，所以是$F = m\dfrac{d^2x}{dt^2}$的微分方程式。

在彈簧的運動中，彈力常數k的彈簧受力與彈簧的伸長量x成正相關，可列出$F = -kx$的方程式。代入$F = m\dfrac{d^2x}{dt^2}$後整理，可得到下述微分方程式：

$$\frac{d^2x}{dt^2} + \frac{k}{m}x = 0$$

◆ 微分方程式的解法

先來學習一階微分方程式中，已經知曉解法且物理中經常出現，專門用於微分方程式的「**分離變數法**」吧。

$\frac{dy}{dx}$是僅有x的函數$P(x)$和僅有y的函數$Q(y)$的乘積，試著求解這個微分方程式吧。

$$\frac{dy}{dx} = P(x)Q(y)$$

假設 $Q(y) \neq 0$，兩邊同除以 $Q(y)$，得到

$$\frac{1}{Q(y)}\frac{dy}{dx} = P(x)$$

兩邊同對x做積分，得到

$$\int \frac{1}{Q(y)}\frac{dy}{dx}dx = \int P(x)dx$$

由於左式的 $\frac{dy}{dx}dx = dy$，改成帶有任意常數的顯函數後，可如下表示：

$$\int \frac{1}{Q(y)}dy = \int P(x)dx + C \quad \cdots\cdots ①$$

★兩個變數（y和x）成功分離至左邊的積分和右邊的積分！

如此一來，兩邊都變成是單變數的積分，積分後可得到滿足x和y的關係式。

有些人或許會在意前面假設的 $Q(y) \neq 0$，但 $Q(y) = 0$的時候，原式會變成

$$\frac{dy}{dx} = P(x)Q(y) = P(x) \times 0 = 0$$

解就會是$y = a$的常數。

我明白為什麼叫分離變數法了。在上式①中，兩邊都有積分符號（integral），將兩個變數分離至左式和右式。
轉成這樣的形式非常重要！

接著來介紹**物理上的應用例子**，先來討論「**輻射性同位素的原子衰變**」的問題吧～
利用**分離變數法**來解這個題目。

 **輻射性同位素的原子衰變**

首先來說明有關「**原子衰變**」的基礎知識。
輻射性同位素的原子有一定的機率衰變，下圖是描述在時間 T 內有 $1/2$ 機率衰變的原子。

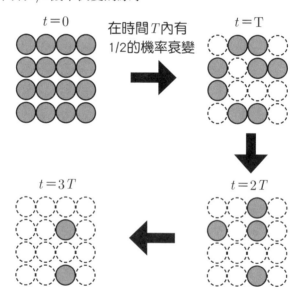

$t=0$ 時有16個原子； $t=T$ 時有一半的原子衰變，剩餘8個原子； $t=2T$ 時會再減少一半剩餘4個； $t=3T$ 時變成剩餘2個。衰變的機率取決於溫度以及處於什麼化合物當中。

下面就來討論原子個數隨著時間推移會如何變化。

假設在時間t的輻射性同位素原子個數為$N(t)$、衰變的機率為p。

單位時間的$N(t)$衰變變化量為$\dfrac{dN(t)}{dt}$。

又由每個原子衰變的機率p，得知衰變後的個數為$pN(t)$，可列出下述的微分方程式：

$$\frac{dN(t)}{dt} = -pN(t)$$

衰變後的個數是逐漸減少，所以右式會加上「－」號。求解這條方程式後，能夠知道輻射性同位素的衰變情況。

假設 $t=0$時的輻射性同位素原子個數為$N(0)=N_0$。根據這項初始條件，分離微分方程式的變數來做積分。首先，兩邊同乘以dt，再除以$N(t)$。

$$\frac{dN(t)}{N(t)} = -pdt$$

對兩邊取積分　$\displaystyle\int \frac{dN(t)}{N(t)} = -p\int dt$

★兩變數（N和t）各自分離成左邊的積分及右邊的積分！

做積分　$\log|N(t)| = -pt + C$　（C為任意常數）

$N(t) = \pm e^{-pt+C} = Ae^{-pt}$　（$A=\pm e^C$）

代入初始條件，得到

$$N(0) = N_0 = Ae^{-p\cdot0} = A$$

N_0表示含有任意常數的部分。如此一來，在時間t的原子個數可表為

$$N(t)=N_0 e^{-pt} \cdots\cdots①$$

輻射性同位素的原子個數，僅與時間$t=0$時的個數N_0以及衰變機率p有關，可知個數以指數函數的方式逐漸減少。由於p是該函數的特徵變數，所以可用p表達輻射性同位素的衰變特徵。

然而，量測個數變成$\frac{1}{e}$比量測個數變成$\frac{1}{2}$還要困難，所以常會使用輻射性元素的原子個數變為原本一半所花費的時間「半衰期」。假設半衰期為τ，套入上式①後，可用p表示半衰期：

$$N(\tau) = \frac{1}{2} N_0 = N_0 e^{-p\tau}$$
$$\frac{1}{2} = e^{-p\tau}$$
$$\log \frac{1}{2} = -p\tau$$
$$-\log 2 = -p\tau$$
$$\tau = \frac{\log 2}{p} \quad \cdots\cdots ②$$

然後，方程式就可以整理成 $N(t) = N_0 (e^{\log 2})^{-\frac{t}{\tau}} = N_0 \times 2^{-\frac{t}{\tau}}$ 。

喔喔！利用分離變數法真的能夠求解微分方程式！
式①的**函數**代入初始個數N_0和機率p後，可知道特定時間的原子個數。
式②的**函數**代入機率p後，可知道該輻射性元素的半衰期。
透過整理後的函數，可探討各種輻射性同位素的原子個數變化！非常方便。

是的♪雖然深谷學長在前面認為**函數的解**「不清不楚，一點都不簡潔」……但透過實際例子，就能夠體會**函數的解多麼方便、對物理多麼有幫助**～

MEMO　常見的輻射性同位素——鉀40

^{40}K（鉀40）是常見的輻射性同位素。

它是自然的輻射性同位素，我們人體中也含有許多該元素。然後，由於鉀富含於土壤中，所以以將輻射線偵測器貼近陶製洗臉台等物品時，會發出「嗶嗶」的聲響。

$$^{40}_{19}\text{K} \rightarrow ^{40}_{20}\text{Ca} + \text{e}^- + \overline{\nu_\text{e}}$$

（鉀40會輻射性衰變成鈣40）

^{40}K的半衰期長達12.48億年，亦即地球誕生時所含的^{40}K，如今也一邊衰變一邊存在。

接著來講「**重錘、彈簧與黏性阻尼器的問題**」。
具體來說，這是**門弓器的動作等**的相關問題，需要處理**二階微分方程式**，請仔細消化理解。

?.🐰問題　重錘、彈簧與黏性阻尼器的問題

首先來說明「**黏性阻力**」「**黏性阻尼器（dashpot）**」的基礎知識。

在浴缸用手臂攪拌熱水的時候，攪拌得愈快，會感受到水的阻力愈大而難以攪動。若僅是將手臂伸進熱水裡，則不會感受到阻力。

同樣地，騎乘腳踏車時的時候，騎得愈快，感受到的空氣阻力愈大；站在河川中央的時候，河水的流速愈快，腳感受到水的阻力也愈大。

像這樣尤其在黏性高的流體中，作用於緩慢運動物體的力稱為「**黏性阻力**」。黏性阻力與速度成正相關，作用於速度的反方向。

討論作用於質量 m 的物體的黏性阻力，假設比例常數為 b（$b>0$），則運動方程式會是二階微分方程式：

$$ma = m\frac{d^2x}{dt^2} = -b\frac{dx}{dt}$$

黏性阻力也能夠幫助控制物體的運動。在加油氣缸中的活塞，總是受到相反方向的黏性阻力緩和來回運動，這類元件稱為「**黏性阻尼器**」。

鐵門上方的門弓器是最常見的阻尼器，可阻止鐵門突然大力關上。

接著，在質量 m 的重錘上並聯黏性阻尼器和彈力係數 k 的彈簧，討論此時的物體運動吧。已知重錘運動、彈簧伸縮、阻尼器黏性阻力的方向相同。

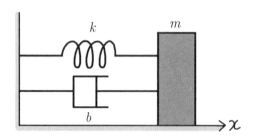

如上圖所示，討論質量m的重錘連結彈力係數k的彈簧，與阻力係數b的黏性阻尼器。假設彈簧的自然長度位於$x=0$，則運動方程式為

$$m\frac{d^2x}{dt^2} = -kx - b\frac{dx}{dt}$$

其中，令彈簧的固有角頻率為$\omega_0 = \sqrt{\frac{k}{m}}$、$\gamma = \frac{b}{2m}$，將等號右邊的項目全部移至左邊，兩邊再同除以$m$，得到

$$\frac{d^2x}{dt^2} + 2\gamma\frac{dx}{dt} + \omega_0{}^2x = 0$$

雖然此微分方程式不太好求解，但只要假設成下述形式：

$$x(t) = Ce^{pt} \quad （C、p為常數）$$

再代入微分方程式：

$$\frac{dx}{dt} = pCe^{pt} = px, \quad \frac{d^2x}{dt^2} = p^2Ce^{pt} = p^2x$$

微分方程式就會變成p的二次方程式：

$$p^2 + 2\gamma p + \omega_0{}^2 = 0$$

然後，二次方程式$ax^2 + bx + c = 0$的公式解，如下所示：

$$x = \frac{-b \pm \sqrt{b^2 - 4ac}}{2a}$$

所以，代入此方程式的$a = 1$, $b = 2\gamma$, $c = \omega_0{}^2$，會得到

$$p = -\gamma \pm \sqrt{\gamma^2 - \omega_0{}^2}$$

根據根號中的正負，可知運動的情形如下所示：

① $\gamma > \omega_0$的情況

黏性阻尼器阻力效果大於彈簧振動效果的情況。

此時，不管根號前的正負號，p都會是負的實數，重錘的運動會是

$x(t) = e^{-\gamma t}(Ae^{\sqrt{\gamma^2 - \omega_0^2}t} + Be^{-\sqrt{\gamma^2 - \omega_0^2}t})$（$A$、$B$為任意常數），會逐漸衰減至平衡位置。

② $\gamma < \omega_0$的情況

彈簧振動效果大於黏性阻尼器阻力效果的情況。

此時，根號內部會是負數，取根號後變成虛數。

超前套用第6章（P.222）將學到的歐拉公式，可得

$x(t) = e^{-\gamma t}\{A\sin(\sqrt{\omega_0^2 - \gamma^2}\,t) + B\cos(\sqrt{\omega_0^2 - \gamma^2}\,t)\}$（$A$、$B$為任意常數），運動會邊振動邊衰減。這樣的運動稱為「阻尼振動（damped vibration）」。

③ $\gamma = \omega_0$的情況

彈簧效果與黏性阻尼器效果剛好相等的情況。

此時，根號內部會是0，$x(t)$的一般解為$x(t) = (A + Bt)e^{-\gamma t}$（$A$、$B$為任意常數），運動也是沒有振動逐漸衰減至平衡位置。像這樣無振動緩慢衰減的情況，稱為「臨界阻尼（critical damping）」。下圖是各種情況的運動情形：

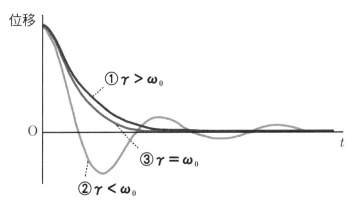

喔喔——！
透過求**函數的解**，就能夠探討各種的運動情況。
若有這樣的函數，在設計門弓器時會非常方便耶。

是的♪鐵門既不會突然大力關上，也不會拖拉遲遲不關上，而是以適當的速度安穩地關門。
正因為經過物理學上的計算、調整，我們才有辦法過著舒適的生活。

「重錘、彈簧與黏性阻尼器」與電路的方程式相同？

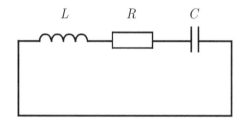

　　除了重錘、彈簧與黏性阻尼器的系統外，電路也有跟前面完全相同的微分方程式。

　　如上圖串聯電感 L 的線圈、電阻值 R 的電阻器、電容量 C 的電容器，電容器儲存的電荷 q 替換重錘的位移 x；電流是以電荷隨時間的變化 $\dfrac{dq}{dt}$，替換重錘的速度 $v = \dfrac{dx}{dt}$；電感 L 替換重鎚的質量 m；電阻值 R 替換黏性阻力係數 b；電容量的倒數 $\dfrac{1}{c}$ 替換彈力係數 k 後，就會是一模一樣的微分方程式。

　　如上所述，僅須要求解1條微分方程式，就能夠解明各種物理問題。

183

第 5 章

向量分析

這裡的菜單
感覺很棒！

學長也
請看一下！

哇！根本
沒有在聽
——！！

凝視！
盯——

MENU

當季水果的
滿山芭菲♪

發散壓力！
巧克力湧泉的巧克力鍋！

一圈圈漩渦的
旋轉肉桂捲☆

「滿山」
「湧泉、發散」
「漩渦、旋轉」，

到處都是有關
向量分析的
關鍵詞耶！！

哈、
哈……？

188　第 5 章 ➡ 向量分析

先來說「**向量場（vector field）**」——
所謂的向量場，是指**向量的位置函數**。
換句話說，在某空間中，「**決定某點的位置，也就決定了向量（具備大小、方向的物理量）**」。

嗯……如下圖想像**颱風**侵襲時的**風（空氣流動）**，會比較容易理解。
像是「**在東京都墨田區，颱風朝東北前進、最大風速40m/s**」……
根據位置決定向量（方向、大小）。
※順帶一提，天氣預報的「風向」是指上風，也就是風吹來的方位角。就上例而言，墨田區是吹「西南風」。

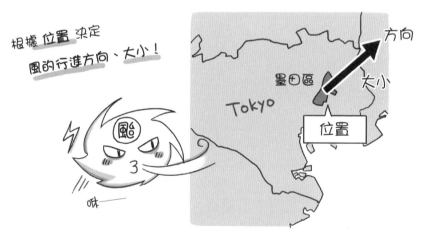

根據 位置 決定
風的行進方向、大小！

方向
墨田區
大小
Tokyo
位置

順便一提，溫度是純量。
若是**純量場**，則是根據位置決定純量。
例如「東京都墨田區的氣溫為32℃」。

沒錯！
因此，**調查向量場的性質**稱為**向量分析**。
舉例來說，「**流體力學**」是調查**空氣、水的流動**速度等。
而颱風的例子，正是討論空氣的流動。

然後，「**電磁學**」處理的**電場**（電力作用的空間）、**磁場**（磁力作用的空間）正是所謂的**向量場**。

下圖是磁場的示意圖～

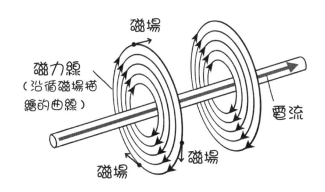

順帶一提，向量場的「場」並非指具體的場所。

請想成發生物理現象的「空間範圍」。

然後，「場」未必是眼睛可見的。

哈……原來如此……「電磁學」處理的電場、磁場，**雖然眼睛不可見，但充滿著向量**啊。

是的。尤其是**電磁學，向量分析後會變得非──常簡單易懂**。

為了理解眼睛不可見的物理現象，努力學起來吧！

◆ 向量的內積、外積

話說回來，我們之前討論過向量的運算（參見P.49）。
當時學到了向量的常數倍、加法、減法……但**向量間的乘法（乘積）**也非常重要哦。

向量間的乘法！我記得有「**內積（純量積）**」和「**外積（向量積）**」兩種情況。
內積在高中有學過，外積在大學會出現，運算起來相當麻煩……嗯。

是的，為了跟上後面的學習內容，得先理解內積和外積才行。
下面就來確實複習吧♪

〈關於內積〉

如下圖所示，假設向量 $\vec{A}$ 和向量 $\vec{B}$ 夾角 θ。
「向量 $\vec{A}$ 和向量 $\vec{B}$ 的內積」是，「向量 $\vec{A}$ 的大小」乘上「向量 $\vec{B}$ 的大小」再乘上「夾角 θ 的餘弦值」。

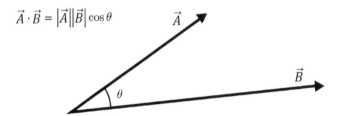

$$\vec{A} \cdot \vec{B} = |\vec{A}||\vec{B}| \cos \theta$$

向量 A 和向量 B 的內積，數學式可如下表示：

$$\boxed{\vec{A} \cdot \vec{B}}$$

內積又可稱為「**純量積**」「**點積**」。
內積是以「點符號」來表示，運算結果為純量。

〈關於外積〉

內積的結果是純量,但外積的結果會是「向量」。

除了「大小」外,也包含「方向」的資訊。

這邊假設「向量 $\vec{A}$ 和向量 $\vec{B}$ 的外積」為「向量 $\vec{C}$ 」。

「向量 $\vec{C}$ 的大小」是「向量 $\vec{A}$ 的大小」乘上「向量 $\vec{B}$ 的大小」再乘上「夾角 θ 的正弦值」。

然後,「向量 $\vec{C}$ 的方向」是「包含向量 $\vec{A}$ 和 $\vec{B}$ 的平面法線(垂直於該平面的垂線)」,朝「A 轉向 B 右手螺旋定則的方向」。

※如下圖所示,右手握住後,拇指以外的指頭是向量 $\vec{A}$ 轉向 $\vec{B}$ 的方向(此例為逆時針方向);拇指朝向的方位(此例為向上)是 $\vec{C}$ 的方向。

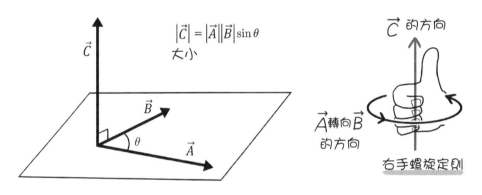

$$|\vec{C}| = |\vec{A}||\vec{B}|\sin\theta$$
大小

$\vec{A}$ 和 $\vec{B}$ 的外積數學式,可用如下的「叉符號」來表示。

外積又可稱為「**向量積**」「**叉積**」。

$$\vec{C} = \vec{A} \times \vec{B}$$

 嗯哼,「內積(純量積)」使用「**·(點號)**」,「外積(向量積)」使用「**×(叉號)**」。

 是的!然後,內積的結果是**純量**(僅有大小的物理量),外積的結果是**向量**(含有方向和大小的物理量)。更進一步來說,內積是「**二維平面的概念**」……外積是「**三維平面的概念**」,也帶有「**旋轉**」的意思。

 原來如此。計算的方式也不一樣,要小心留意才行!

那麼，
終於要來說明「grad（梯度）、div（散度）、curl（旋度）」
三個向量算符。
然而，在正式講解之前，要先來說明「**向量算符**」是什麼東西。
這又可稱為「**向量微分算符**」哦。

 嗚……
光聽到名字，就感覺好像很難。

 請不用想得太困難～
在數學式中，**算符**是描述「請做這樣的運算（計算）」的符號。
舉例來說，「**＋（加號）**」是「**請做加法**」的運算算符哦。
因此，假設存在函數 $f(x, y)$，看到 grad f 的表記……
就是「**對 f 做 grad（梯度）運算**」的意思。
使用算符操作對象的動作，我們會稱為「做」。

 哦——這樣一想，感覺就變簡單了。
不過……雖然還不懂 grad（梯度）的意思……

 同理，看到 div A 的表記，就是「**對向量 A 做 div（散度）運算**」的意思。

嗯哼，原來如此。咦，請等一下！
明明**grad（梯度）**的運算對象是「**純量（ *f* ）**」，
div（散度）的運算對象卻是「**向量（ $\vec{A}$ ）**」？？

 學長注意到的地方很好。
其實，三個向量算符的……
「運算對象」和「運算結果」有純量也有向量。

向量算符	運算對象		運算結果
grad（梯度）	純量	⇒	向量
div（散度）	向量	⇒	純量
curl（旋度）	向量	⇒	向量

關於純量與向量，
已經在第2章（P.39等）
教過了哦。

 請等到全部學過一輪後，再回頭來看這個表格～
注意純量和向量的轉變，一一學習起來吧！

◆ grad（梯度）運算能夠瞭解什麼？

那麼，請想像一下——
有位嚴以待己、**自我要求極高的登山家**。

登山
的概念

在攀登山巒的時候，不選擇和緩簡單的坡道，**想要挑戰「最為嚴峻的坡道」**。
此時，**grad（梯度）**就是非常便利的工具！

我記得梯度是「傾斜的程度」的意思嘛。

是的！其實，只要使用grad就能夠知道「**哪個方向最傾斜艱難、坡面有多麼傾斜**」哦。

★grad的定義式如下：

遇到二維度的問題，假設 x 軸、y 軸方向的單位向量分別為 $\vec{i}$、$\vec{j}$，列出

$$\mathrm{grad}f = \frac{\partial f}{\partial x}\vec{i} + \frac{\partial f}{\partial y}\vec{j}$$

遇到三維度的問題，再多假設 z 軸方向的單位向量為 $\vec{k}$，列出

$$\mathrm{grad}f = \frac{\partial f}{\partial x}\vec{i} + \frac{\partial f}{\partial y}\vec{j} + \frac{\partial f}{\partial z}\vec{k}$$

grad（梯度）的運算對象是**純量**，運算結果則是**向量**。

然後grad（梯度）式子的意義，如下所示：

已知方程式$z = f(x, y)$是xyz空間內的曲面，z是曲面的標高。

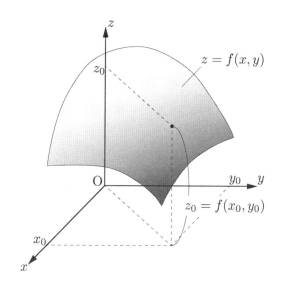

點(x, y)發生微小位移$\Delta \vec{r} = (\Delta x, \Delta y)$的時候，標高的變化$\Delta f$為

$$\Delta f \simeq \frac{\partial f}{\partial x} \Delta x + \frac{\partial f}{\partial y} \Delta y = \text{grad}\, f \cdot \Delta \vec{r}$$

若$|\Delta \vec{r}|$為定值，則Δf的最大值會出現於$\Delta \vec{r}$和grad f同方向的時候。

換言之，grad f是朝向$f(x, y)$的最大傾斜方向。

◆ div（散度）運算能夠瞭解什麼？

接著，請想像**河童**棲於**湧泉河川**……
牠非常在意湧現的水量。

煩惱著：**「這裡會湧現多少水量？」**
「水不會滲透入土壤中消失嗎？」
「其實，水不湧現也不會消失，而是會產生流動？」

啊啊，河童……會擔心水會不會乾枯啊。

div（散度）能夠解決河童的這些煩惱！運算後可以知道有多少**水量**。
將水換成電後，也可討論**電流（電荷）**哦～
★**div的定義式**如下：

$$\mathrm{div}\vec{A} = \frac{\partial A_x}{\partial x} + \frac{\partial A_y}{\partial y} + \frac{\partial A_z}{\partial z}$$

div（散度）的運算對象是**向量**，運算結果則是**純量**嘛。

div（散度）式子的意義如下所示。
請想像成**水流的概念**♪
這與後面（P.204）將會講解的「**高斯定理（散度定理）**」也有關係。

已知xyz空間中有水在流動。

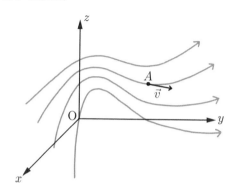

假設水的速度為向量函數 $\vec{v} = (v_x, v_y, v_z)$。

討論某微小長方體 $\Delta x \Delta y \Delta z$ 的流水。先看x軸方向的流入水量和流出水量，單位面積的「流入水量」為 $v_x \Delta y \Delta z$、「流出水量」為 $\left(v_x + \dfrac{\partial v_x}{\partial x} \Delta x \right) \Delta y \Delta z$。

因此，「流出水量」－「流入的水量」$= \dfrac{\partial v_x}{\partial x} \Delta x \Delta y \Delta z$。

同理，推導y軸方向的流水、z軸方向的流水，最後可得到下式：

「微小體積的流出水量」－「微小體積的流入水量」

$$= \left(\frac{\partial v_x}{\partial x} + \frac{\partial v_y}{\partial y} + \frac{\partial v_z}{\partial z} \right) \Delta x \Delta y \Delta z = (\text{div } \vec{v}) \Delta x \Delta y \Delta z$$

換言之，div $\vec{v} = 0$表示單位體積中湧現的水量。

如下圖所示，div $\vec{v} > 0$是水湧現的情況；div $\vec{v} < 0$是水消失的情況；div$\vec{v} = 0$是水不湧現也不消失，產生流動的情況。

如同字面上的意思，散度（向外擴散的程度）表示某種事物的產生情況。例如，流通電流時會不會產生電荷，也可使用div來討論。

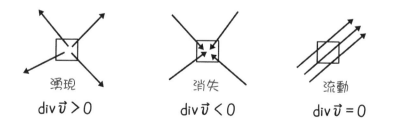

湧現
div $\vec{v} > 0$

消失
div $\vec{v} < 0$

流動
div $\vec{v} = 0$

199

最後，請想像一下美麗的**人魚**。
人魚會在意水的旋轉，也就是漩渦。

煩惱著：「這個漩渦是順時針？還是逆時針？」
「其實，漩渦並沒有在旋轉……？」

憂心的人魚……！
唉～她的確會在意漩渦的情況。

curl（旋度）能夠解決人魚的這些煩惱。
運算後可知**漩渦的旋轉方向、漩渦的強度**！
★**curl的定義式**如下：

$$\operatorname{curl} \vec{A} = \left(\frac{\partial A_z}{\partial y} - \frac{\partial A_y}{\partial z} \right) \vec{i} + \left(\frac{\partial A_x}{\partial z} - \frac{\partial A_z}{\partial x} \right) \vec{j} + \left(\frac{\partial A_y}{\partial x} - \frac{\partial A_x}{\partial y} \right) \vec{k}$$

嗯哼，curl的運算對象是**向量**，運算結果也是**向量**呢。

然後，curl（旋度）式子的意義如下所示：

在xyz空間中，已知在xy平面內的水流為$\vec{v}(x,y)=(v_x(x,y),v_y(x,y))$、水流的旋轉半徑為$r$、水車中心位置為$(x,y)$。

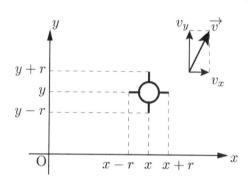

首先，討論y方向流速$v_y(x,y)$的水車旋轉。水車旋轉時左右的流速不同，旋轉角速度為

$$\frac{v_y(x+r,y)-v_y(x-r,y)}{r} \qquad （以逆時針為正）$$

水車的半徑無窮小時，角速度會是$2\dfrac{\partial v_y}{\partial x}$。
同理，討論x方向流速$v_x(x,y)$的水車旋轉，可知旋轉角速度為$-2\dfrac{\partial v_x}{\partial y}$（以逆時針為正，需要注意加上負號）。

由此推得，流速$\vec{v}$的水車角速度為$2\left(\dfrac{\partial v_y}{\partial x}-\dfrac{\partial v_x}{\partial y}\right)$，是$\mathrm{curl}\,\vec{v}$之$z$成分的兩倍。這裡的「$z$成分」對應水車旋轉軸的$z$方向。
綜上所述，可知旋轉角速度與curl成正相關。

◆ **超級便利的向量算符∇（Nabla）**

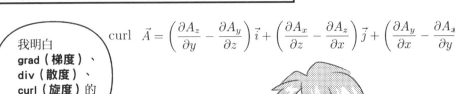

$$\text{curl}\ \vec{A} = \left(\frac{\partial A_z}{\partial y} - \frac{\partial A_y}{\partial z}\right)\vec{i} + \left(\frac{\partial A_x}{\partial z} - \frac{\partial A_z}{\partial x}\right)\vec{j} + \left(\frac{\partial A_y}{\partial x} - \frac{\partial A_x}{\partial y}\right)$$

我明白 grad（梯度）、div（散度）、curl（旋度）的概念了⋯⋯

但數學式卻像這樣，看起來挺複雜的～

哼、哼、哼，請深谷學長放心！

驚嚇！

其實有個非——常**便利的工具（符號）**。

東翻西找

？

便利的工具就是⋯⋯ ∇（**Nabla**）！！！

$$\nabla = \vec{i}\frac{\partial}{\partial x} + \vec{j}\frac{\partial}{\partial y} + \vec{k}\frac{\partial}{\partial z}$$

比包包還要大！？

∇的定義式就在三角形裡頭！

……Nabla？
這個倒三角形
有那麼方便嗎？

老實說，它的
定義式看起來也
很麻煩……

哎呀～
請看這個表格。

啪！

只要使用∇，
就可如此簡化！！

即便是**向量運算**的
grad、div、curl式子……

喔喔！
瞬間清爽許多！！
還真是方便……！

此前的表記	使用∇後……
$\mathrm{grad}f = \dfrac{\partial f}{\partial x}\vec{i} + \dfrac{\partial f}{\partial y}\vec{j} + \dfrac{\partial f}{\partial z}\vec{k}$	$\mathrm{grad}f = \nabla f$
$\mathrm{div}\vec{A} = \dfrac{\partial A_x}{\partial x} + \dfrac{\partial A_y}{\partial y} + \dfrac{\partial A_z}{\partial z}$	$\mathrm{div}\vec{A} = \nabla \cdot \vec{A}$
$\mathrm{curl}\ \vec{A} = \left(\dfrac{\partial A_z}{\partial y} - \dfrac{\partial A_y}{\partial z}\right)\vec{i} +$ $\left(\dfrac{\partial A_x}{\partial z} - \dfrac{\partial A_z}{\partial x}\right)\vec{j} + \left(\dfrac{\partial A_y}{\partial x} - \dfrac{\partial A_x}{\partial y}\right)\vec{k}$	$\mathrm{curl}\ \vec{A} = \nabla \times \vec{A}$

咚！

203

◆ **兩個積分定理**

是啊！說到**微分**就不得不提**積分**哦～

喀嚓！

積分

嗯……前面學了3個「**向量算符**」。

grad

丟！

div

哦——！

curl

鏘鏘

高斯定理

$$\iint_S \vec{A} \cdot \vec{n} dS = \iiint_V \nabla \cdot \vec{A} dV$$

史托克斯定理

$$\iint_S (\nabla \times \vec{A}) \cdot \vec{n} dS = \oint_C \vec{A} \cdot d\vec{r}$$

接著大致講解**兩個「積分定理」**吧♪

在學習向量分析時，兩者都是超級重要的定理哦！

出發吧～

「**高斯定理**」和「**史托克斯定理**」……！

聽起來就感覺很重要……！

高斯定理就是散度（div）定理

首先來講「**高斯定理（Gauss' theorem）**」。
此定理跟剛才（P.198）學到的**散度（div）**有關哦。
式子如下：

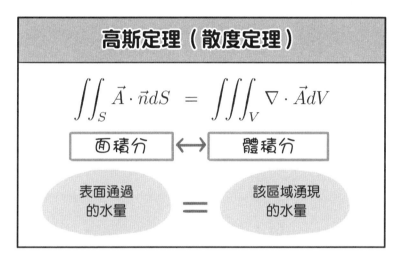

高斯定理（散度定理）

$$\iint_S \vec{A} \cdot \vec{n} dS = \iiint_V \nabla \cdot \vec{A} dV$$

| 面積分 | ↔ | 體積分 |

表面通過
的水量　＝　該區域湧現
的水量

嗯……這是**可轉換、連結「面積分」和「體積分」的定理**嘛。

是的♪跟剛才一樣，討論 $\vec{A}$ 水流的速度向量吧。就某區域而言，**「表面通過的水量（左式）」**和**「該區域湧現的水量（右式）」**相等。

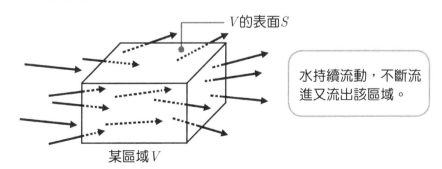

V的表面S

水持續流動，不斷流
進又流出該區域。

某區域 V

喔喔，雖然式子看起來挺難的，但好像能夠直觀來理解，只要
想像水流的意象就行了嘛。

是的。然後除了水之外，也可應用於恆星放射的**光能、電荷產生的電場**等。

機會難得，這邊就順道說明一下「**高斯定律**」吧～

高斯定律是描述電荷分布與其周圍靜電場的關係，可如下表示：

$$\iint_S \vec{E} \cdot \vec{n} dS = \frac{1}{\varepsilon} \iiint_V \rho(x, y, z) dV$$

其中，$\vec{E}$ 是靜電場、ε 是電容率、ρ 是電荷分布（電荷密度）。左式套用高斯定理後，得到

$$\iint_S \vec{E} \cdot \vec{n} dS = \iiint_V \nabla \cdot \vec{E} dV = \iiint_V \frac{1}{\varepsilon} \rho(x, y, z) dV$$

亦即 $\nabla \cdot \vec{E} = \frac{1}{\varepsilon} \rho(x, y, z)$

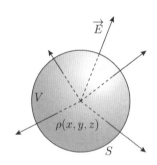

跟前面說明高斯定理時的水流相同，由式子不難理解，電場像是電荷湧現的流動。

4 史托克斯定理

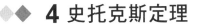

史托克斯定理就是旋度（curl）定理

那麼，接著來介紹「**史托克斯定理（Stokes' theorem）**」。
這跟剛才（P.200）學到的**旋度（curl）**有關哦。
式子如下：

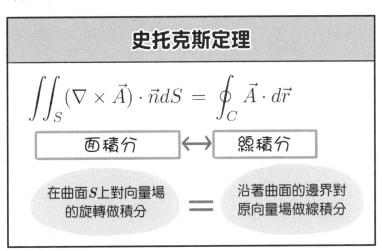

其中，*S*是積分範圍的面；*C*是該邊界的曲線。

嗯……
這是**可轉換、連結「面積分」和「線積分」的定理**嘛。
但是，感覺不太能夠直觀理解……嗯……。

哼、哼、哼，請不用擔心～
看過後面即將介紹的圖，學長也會覺得非常好懂。
就讓我們趕緊來看吧～♪

「史托克斯定理」在直觀上是指什麼樣的狀態呢？請看下面的圖例：

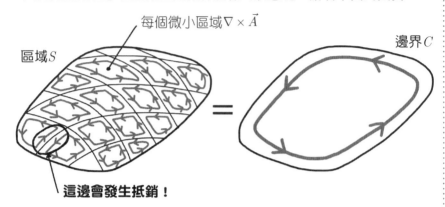

每個微小區域 $\nabla \times \vec{A}$

區域 S

邊界 C

這邊會發生抵銷！

首先，某微小區域的 $\nabla \times \vec{A}$ 相當於左圖中每個微小區域的旋轉。
$\int\int_S (\nabla \times \vec{A}) \cdot \vec{n} dS$ 是指對整個區域做相加，微小區域的相鄰處相加後，兩個箭頭會相互抵銷變成0。
如此一來，區域內部的積分全部都是0，僅剩下區域邊界處的旋轉。
如右圖所示，全部相加後變成沿循整個邊界的旋轉，對 $\vec{A}$ 沿著 C 做積分，符號記為 $\oint_C \vec{A} \cdot d\vec{r}$。這就是史托克斯定理的概要。

瞭解意思後，意外能夠簡單掌握概念！
內部彼此抵銷後，僅剩餘最外側的積分。

對吧。
史托克斯定理可用於電磁學的各個地方哦。
接著來介紹一下史托克斯定理的用法吧。

史托克斯定理可用於電磁學的各個地方。
首先說明從「**史托克斯定理**」推得「**安培定理**」的過程。

討論電場 $\vec{E}$ 的向量場，當單位電荷發生微小位移 $d\vec{r}$，則電場會對電荷做功 $\vec{E} \cdot d\vec{r}$。
在某閉曲線 C 討論 $\int_C \vec{E} \cdot d\vec{r}$，須要對閉曲線做積分一圈，但已知閉曲線的靜電場做功為0。
若 $\vec{E}$ 是靜電場，套用史托克斯定理可得 $\iint_S (\nabla \times \vec{E}) \cdot \vec{n} dS = 0$。
這對任意閉曲面皆成立，可知 $\nabla \times \vec{E} = \vec{0}$。

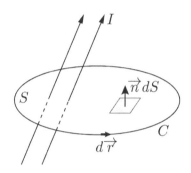

另外，對磁場 $\vec{H}$ 沿循任意閉曲線 C 做環流積分（contour integration），相當於通過環路環繞的曲面 S 所流通的電流 I。

$$\oint_C \vec{H}(\vec{r}) \cdot d\vec{r} = I$$

這稱為「**安培環路定律（Ampere's circuital law）**」。若電流廣泛分布於空間，在位置 $\vec{r}$ 的電流密度為 $\vec{J}(\vec{r})$，則 I 可如下表示：

$$I = \iint_S \vec{J}(\vec{r}) \cdot \vec{n} dS$$

代入安培環路定律，得到

$$\oint_C \vec{H}(\vec{r}) \cdot d\vec{r} = \iint_S \vec{J}(\vec{r}) \cdot \vec{n} dS$$

然後，對安培環路定律套用史托克斯定理，得到

$$\oint_C \vec{H}(\vec{r}) \cdot d\vec{r} = \iint_S (\nabla \times \vec{H}(\vec{r})) \cdot \vec{n} dS = \iint_S \vec{J}(\vec{r}) \cdot \vec{n} dS$$

$$\nabla \times \vec{H}(\vec{r}) = \vec{J}(\vec{r})$$

這就是有名的「**安培環路定律的微分形式**」。

這樣一來，就求得安培環路定律了。
在求**載流導線周圍的磁場**等，安培環路定律非常方便～下面來
舉個例題吧♪

 問題　**某圓柱周圍的磁場結構**

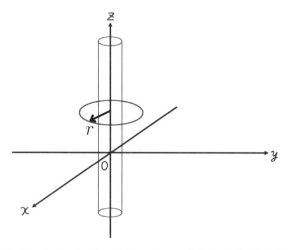

如上圖所示，已知在以z軸為中心、半徑a的無窮長圓柱
中，朝z軸方向流通均勻電流密度i_o的電流。
試求該電流在與z軸距離r處的磁場$\vec{H}(r)$。

 **某圓柱周圍的磁場結構**

首先，討論磁場的方向，由對稱性可知是朝圓周方向。

接著，討論大小 $|H(r)| = H(r)$。對半徑 r 的圓套用安培環路定律，得到

$$\oint_C H(r)dr = \iint_S i_0\vec{k} \cdot \vec{n}dS = \iint_S i_0 dS$$

最後的等號用於該圓的法線向量朝 z 軸方向的情況。在此題中，圓柱外的電流密度為0；內部的電流密度為定值 i_o，故可如下做積分：

$$\iint_S i_0 dS = i_0 \iint_{r \leq a} dS = \pi a^2 i_0$$

其中，$\iint_{r<a} dS$ 是半徑 a 的圓面積 πa^2。

而左式的積分因對稱性，z 軸周圍任意角度的 $H(r)$ 皆相同，得到

$$\oint_C H(r)dr = H(r) \oint_{r=r} dr = 2\pi rH(r)$$

其中，$\oint_{r=r} dr$ 是半徑 r 的圓周長 $2\pi r$。上面兩個式子相等，故磁場的結構為

$$2\pi rH(r) = \pi a^2 i_0$$
$$H(r) = \frac{i_0 a^2}{2r}$$

 嗯哼，一邊使用各種定理、定律，一邊進行**向量分析**……

這真的是**流體力學、電磁學上不可欠缺的工具**耶。

嗚……
這個
問題啊。

其實……
我有一個
夢想……

我為了
實現夢想，
而開始學習
物理。

但是，因為
某樣**不擅長
的東西，**

讓我放棄了
夢想……

這、
這樣啊……

不過比起這
種事情！我
的課程還剩
下一次。

遭遇挫折，
變得自暴自棄，
最後幾乎
足不出戶……

下次就是最後的
授課囉～！

一起努力到
最後吧！！

Cafe

好、
好的！

第6章

複數

217

◆ 關於複數

今天的課程主題是「**複數**」。
深谷學長已經瞭解「**虛數單位 i**」和「**複數**」了嗎？（參見 P.29）

啊！是的，像是這樣嘛：

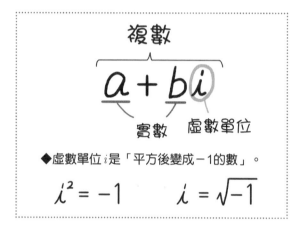

是的，不錯哦。實數和虛數結合起來就會變成複數。
因此，後面會像這樣討論**複數 z**。

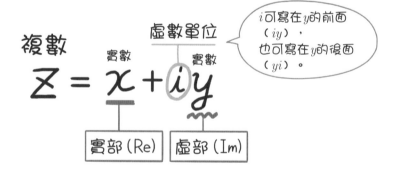

如此表示時，x 稱為「**實部（Re）**」；y 稱為「**虛部（Im）**」，
英文分別是 **re**al part、**im**aginary part。
然後，**複數 z** 的實部記為「Re z」，虛部記為「Im z」

嗯哼，**實部**和**虛部**啊。複數 z 使用實數 x、y 表為 $z = x + iy$ 時，$\mathrm{Re}\, z = x$、$\mathrm{Im}\, z = y$ 的意思嘛。我記住了。

 然後，複數有與其成對的**共軛複數**。
$z = x + iy$ 的共軛複數是 $\bar{z} = x - iy$，複數的實部維持不變，**只改變虛部的正負號**。

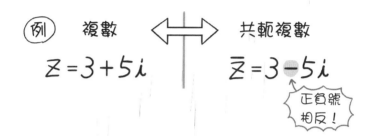

為什麼會有複數？

虛數單位的符號「i」來自 imaginary number（複數）。
不過，究竟為什麼會想出虛數這樣的概念呢？

　　虛數的誕生歷史可追溯至16世紀的義大利，肇始於三次方程式的解有時無法以實數表示。據悉，人們起初不認同（不願認同）虛數的存在及概念，只是相當不情願地使用著虛數。
　　後來到了18世紀，數學家歐拉（Leonhard Euler）發明可表示複數的複數平面（請見下頁介紹），人們逐漸注意到複數**美妙的可用性**。另外，最先使用虛數單位 i 的也是歐拉，據說他是在1770年左右提出該符號的。

　　如今，**在數學、物理的各種領域當中**，許多地方可感受到**虛數、複數的可貴之處**。對物理學來說，熟練使用複數是不可欠缺的技能。這次就來好好體會虛數、複數的可用性吧。

前面提到**複數**z是記為$z = x + iy$。

其實，我們也能夠在圖上表示複數。

先暫且忽略複數、虛數等本身的意義，將複數$z = x + iy$想成是兩個實數x、y的組合吧。

如此一來，就可如下圖在xy平面上表示複數z！

這樣的平面就稱為「**複數平面（高斯平面）**」哦～

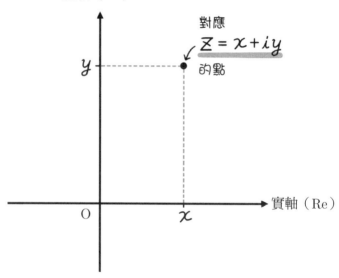

在此平面上，實部x是z的**實軸**投影，虛部y是z的**虛軸**投影。

喔——！撲朔迷離的虛數、複數像這樣畫到圖上後，意外變得簡單易懂耶。

剛才藉由複數平面，將**複數**$z = x + iy$標示到圖形上，並表達成座標（對應$z = x + iy$的點）。

那麼，接著如下圖所示，使用極座標(r, θ)來表示吧！
請回想一下高中三角函數cos和sin的原始定義。

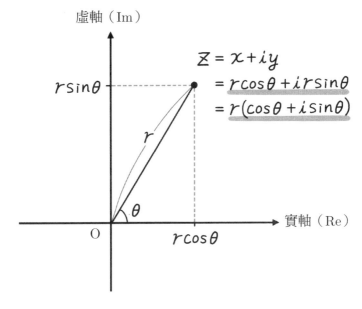

虛軸（Im）

$$z = x + iy$$
$$= r\cos\theta + ir\sin\theta$$
$$= r(\cos\theta + i\sin\theta)$$

$r\sin\theta$

r

θ

O

$r\cos\theta$

實軸（Re）

※r表示複數z的大小，稱為z的「**絕對值**」、符號記為$|z|$。另外，θ稱為z的「**主幅角**」，符號則記為$\arg z$。

喔喔！複數z變成含有cos、sin的三角函數式了！
複數有許多不同的表達方式嘛。

接著,雖然很突然……

這邊就來讓深谷學長看「非——常美麗的東西」。

寶石?

美麗的東西……?

花?

向量兔的微笑?

請看!

這個「**歐拉公式**」是非常美麗的數學式。

據說,有物理學家讚賞其是「**數學中最非凡的公式**」。

很厲害～!
非常漂亮～!

$$e^{i\theta} = \cos\theta + i\sin\theta$$

嗯!??

嗚……——

老實說,我不懂哪裡美麗……

？？？

混亂

啊！

後面會詳細說明，請不用擔心～！

這個式子的重點是透過使用**虛數單位** i，

連結**兩個迥異的函數**——指數函數和三角函數。

$$e^{i\theta} = \cos\theta + i\sin\theta$$

指數函數　三角函數　三角函數

嗯……三角函數是 $\sin\theta$、$\cos\theta$……

而**指數函數**是這樣的概念吧。

e^x ←指數

←底數

指數函數 e^x 是這種圖形的函數

y

$y = e^x$
指數函數

1

0

x

指數函數 e^x 具有對 x 做多次微分仍是 e^x 的性質。套用第3章學到的馬克勞林展開，可如下表示：

$$e^x \;=\; 1+x+\frac{x^2}{2!}+\cdots = \sum_{n=0}^{\infty}\frac{x^n}{n!}$$

代入 $x=i\theta$，得到

$$e^{i\theta}=1+i\theta-\frac{\theta^2}{2!}-i\frac{\theta^3}{3!}+\frac{\theta^4}{4!}+i\frac{\theta^5}{5!}+\cdots=\sum_{n=0}^{\infty}\frac{(i\theta)^n}{n!}$$

同理，對 $\cos\theta$ 和 $\sin\theta$ 馬克勞林展開，可如下表示

$$\cos\theta \;=\; 1-\frac{\theta^2}{2!}+\frac{\theta^4}{4!}-\cdots=\sum_{n=0}^{\infty}\frac{(-1)^n}{(2n)!}\theta^{2n}$$

$$\sin\theta \;=\; \theta-\frac{\theta^3}{3!}+\frac{\theta^5}{5!}-\cdots=\sum_{n=0}^{\infty}\frac{(-1)^n}{(2n+1)!}\theta^{2n+1}$$

統整 $e^{i\theta}$ 的奇數項目、偶數項目，得到

$$
\begin{aligned}
e^{i\theta} &= \left(1-\frac{\theta^2}{2!}+\frac{\theta^4}{4!}-\cdots\right)+i\left(\theta-\frac{\theta^3}{3!}+\frac{\theta^5}{5!}-\cdots\right)\\
&= \sum_{n=0}^{\infty}\frac{(-1)^n}{(2n)!}\theta^{2n}+i\sum_{n=0}^{\infty}\frac{(-1)^n}{(2n+1)!}\theta^{2n+1}\\
&= \cos\theta+i\sin\theta
\end{aligned}
$$

綜上所述，可知歐拉公式成立。

啊！仔細想想，
這真的很厲害。

在**實數世界**中，
指數函數和三角函數
是八竿子打不著的。

但是，
在**複數**的世界，

卻緊密連結
在一塊。
真神奇……！

$$e^{i\theta} = \cos\theta + i\sin\theta$$

指數函數　　三角函數　　　三角函數

很令人
吃驚吧！

在計算三角函數
的sin、cos時，感
覺相當複雜……

但如果是指數函數
的**指數運算**，解題
就變得很簡單♪

指數運算的例子

$$e^p e^q = e^{p+q}$$

原來如此……

正因為使用了
複數，才能夠
簡化計算啊！

你瞧！

接著，
在**複數平面**上，
表示**歐拉公式**的
圖形吧～！

咦！
這能夠做到嗎
！！？

$$e^{i\theta} = \cos\theta + i\sin\theta$$

可以♪

轉換成圖形後，
會發現非常有趣的
性質哦～

首先，
仔細觀察
歐拉公式吧。

仔細觀察歐拉公式……

$$e^{i\theta} = \cos\theta + i\sin\theta$$

$e^{i\theta}$的值是實部為$\cos\theta$、虛部為$\sin\theta$的複數，其絕對值是

$$|e^{i\theta}| = \sqrt{\cos^2\theta + \sin^2\theta} = 1$$

在複數平面上，$e^{i\theta}$如下頁圖所示，會是「**圍繞原點的單位圓上的複數**」。
複數的極式（參見P.221）可提出其絕對值r，整理成$z = re^{i\theta}$。

將複數 $e^{i\theta_1}$ 乘上複數 $e^{i\theta_2}$……

請回想前面介紹的指數運算 $e^p e^q = e^{p+q}$ 。
已知即便 p、q 為複數（或者虛數），此計算仍舊成立。
假設 $p = i\theta_1$、$q = i\theta_2$，得到

$$e^{i\theta_1} e^{i\theta_2} = e^{i(\theta_1 + \theta_2)} \cdots\cdots ①$$

如下所示，將 $e^{i\theta_1}$ 和 $e^{i(\theta_1+\theta_2)}$ 畫到圖形中，可知①意味「乘上 $e^{i\theta_2}$」的動作，等於「在複數平面上繞原點旋轉角度 θ_2」。這樣就可簡單地在複數平面內不斷旋轉。

然後，反覆①的指數運算後，得到一般式：

$$\left(e^{i\theta}\right)^n = \underbrace{e^{i\theta} \cdot e^{i\theta} \cdot \cdots \cdot e^{i\theta}}_{n\text{個乘積}} = e^{in\theta}$$

這被稱為「**棣美弗公式（De Moivre formula）**」。

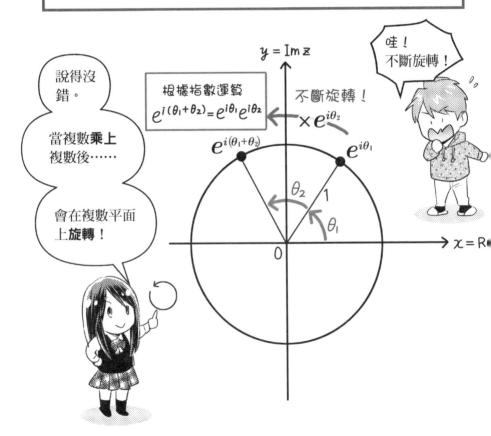

真令人吃驚～
換句話說，是這個意思吧！

旋轉
旋轉

不斷旋轉，真有意思。

「複數 $e^{i\theta}$ 的乘積（乘法）」＝「角度相加」＝「旋轉！」

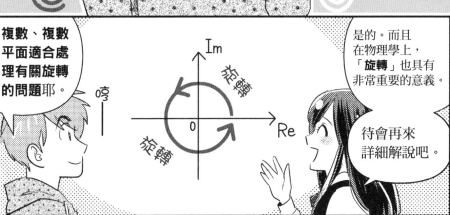

複數、複數平面適合處理有關旋轉的問題耶。

唔——

旋轉
旋轉
Im
Re
0

是的。而且在物理學上，「旋轉」也具有非常重要的意義。

待會再來詳細解說吧。

順便一提，到目前為止出現的**複數式子**，統整後會像這樣♪
（參見P.218、P.221、P.226）

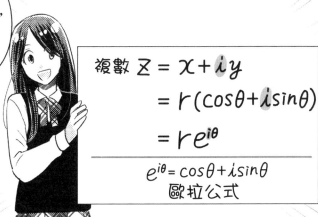

$$複數\ z = x + iy$$
$$= r(\cos\theta + i\sin\theta)$$
$$= re^{i\theta}$$

$$e^{i\theta} = \cos\theta + i\sin\theta$$
歐拉公式

導入複數來簡單處理波的問題

 前面學到**複數、複數平面適合處理有關旋轉的問題**。
然後,「旋轉」也與「**波**」息息相關。

 波……!波是物理上一定會學到的概念,像是聲音、地震、
光……(參見P.144)還有**交流電的波形**!

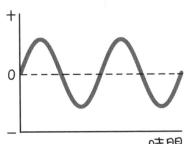

 是啊。那麼,請觀看下頁的圖示,想像摩天輪單一吊艙的運動
情況,或者腳踏車的車輪轉動時,夾於輪輻中的網球運動情況
等。

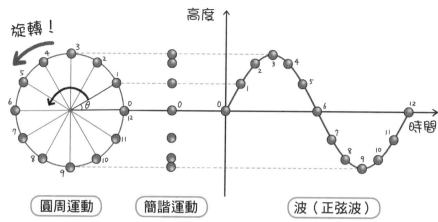

| 圓周運動 | 簡諧運動 | 波（正弦波） |

從側面觀看腳踏車時的車輪
＝**圓周運動**

從正面觀看時的車論
＝**簡諧運動**

 從側面觀看時，車輪是做**圓周運動**，也就是**旋轉**！
從正面觀看時，車輪是做上下變化的**簡諧運動**，其高度變化可用「**波**」來表示。

 對喔！**複數、複數平面容易處理「旋轉」**，也就代表**導入複數能夠簡單處理「波」**！
感覺計算會變得很容易。

231

2 以複數表示的簡諧振動、交流電路

接下來，一邊做問題一邊學習複數吧～因為需要物理知識（相位、電路等），不熟悉運算可能會有想不通的地方，但**導入複數後就能夠做各種處理**……我希望學長知道這件事情！

簡諧運動與複數

那麼，實際舉出使用複數的物理例子吧。
「複數哪有可能變成物理量。」雖然這樣的意見也有道理，但刻意導入複數後，「**處理起來會比較容易**」。

例如，在連接彈簧、角頻率w的重錘運動中，使用複數來描述簡諧運動。前面學到在時間t的位移$x(t)$是

$$x(t) = A\cos(\omega t + \alpha)$$

速度v可表為x對t的一階微分；加速度a可表為x對t的二階微分。此時，會出現許多$\sin(wt+a)$、$\cos(wt+a)$的微分。
「$\cos$出現幾次來著？」「咦！前面是加號還是減號？」會遇到許多惹人厭的情況。
另一方面，雖然指數函數每次微分都會出現常數係數，但函數的形式固定不變，處理起來非常輕鬆！因此，先將表示位移的函數$x(t)$，擴展為取複數值的函數$x_c(t)$，假設

$$x_c(t) = X_0 e^{i(\omega t + \alpha)}$$

實際的位移$x(t)$可視為$x_c(t)$的實部，則速度、加速度取複數值的函數$v_c(t)$、$a_c(t)$分別為

$$\begin{aligned}
v_c(t) &= \frac{dx_c}{dt} = i\omega X_0 e^{i(\omega t + \alpha)} \\
&= -\omega X_0 \sin(\omega t + \alpha) + i\omega X_0 \cos(\omega t + \alpha) \\
a_c(t) &= \frac{d^2 x_c}{dt^2} = -\omega^2 X_0 e^{i(\omega t + \alpha)} \\
&= -\omega^2 X_0 \cos(\omega t + \alpha) - i\omega^2 X_0 \sin(\omega t + \alpha)
\end{aligned}$$

實部為各自實際的速度、加速度。接著，令

$$A_0 = X_0 e^{i\alpha} = X_0 \cos\alpha + iX_0 \sin\alpha \quad （與 t 無關的常數）$$

得到

$$x_c(t) = A_0 e^{i\omega t}$$
$$v_c(t) = i\omega A_0 e^{i\omega t}$$
$$a_c(t) = -\omega^2 A_0 e^{i\omega t}$$

變得更加簡潔，初始位移甚至不用加入係數 A_0。

此表記稱為「複數表示法」，而係數 A_0、$i\omega A_0$、$-\omega^2 A_0$ 稱為「複變振幅（complex amplitude）」。

這邊在複數平面上重新複習一次前面的思維吧。如下圖所示，複數平面上標有做圓周運動的質點，記為 $x_c(t) = A_0 e^{i\omega t}$。其中，實部會是 x 軸上的簡諧運動。

請想像一下，腳踏車的車輪轉動時，夾於輪輻中的網球運動情況。從車輪的側面來看，網球是做圓周運動，但從正面來看，網球是做上下運動，這其實就表示了簡諧運動。圓周運動和簡諧運動可以用同一個式子來表示。

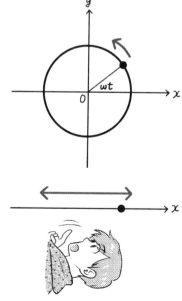

233

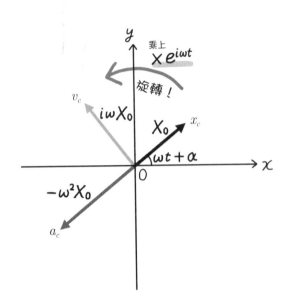

上圖是在複數平面表示某時間的 x_c、v_c、a_c。在物理學、電力相關領域，複數經常像這樣以原點為起點的向量來表示。

雖然箭頭長度可能不同，但該向量在複數平面上不斷旋轉時，我們看到的 x 軸投影就會是簡諧運動。

計算時使用複數，最後**只關注「實部」**！
真是有趣的方法～原來如此……

交流電路的複數

接著來看在交流電路上，複數可帶來什麼樣的幫助吧。

首先，討論電阻值R的電阻器流通電流$i(t)$。電阻器承受的電壓$v_R(t)$，可由歐姆定律記為

$$v_R(t) = Ri(t)$$

換言之，流通的電流愈多，承受的電壓愈大；流通的電流愈少，承受的電壓愈小。概念非常單純，尚不需要用到複數。

然後，討論自感L的線圈流通相同的電流$i(t)$。線圈是一圈圈纏繞的導線，電流固定時電阻為0。然而，電流值改變的瞬間，會產生抵銷該變化的反電動勢。此時，電動勢大小的比例常數為L。因此，線圈承受的電壓$v_L(t)$為

$$v_L(t) = -L\frac{di}{dt}$$

右式前面的負號正是逆電動勢的證據。仔細觀看式子便可得知，電流沒有什麼改變時（電流隨時間的變化大小$\left|\frac{di}{dt}\right|$小時），即便流通大電流，電壓也不大；電壓急遽改變時（$\left|\frac{di}{dt}\right|$大時），即便流通小電流，電壓也會很大。換言之，電流和電壓隨時間的變化不相同。

另一方面，在流通直流電的線圈，因時間變化大小為0而沒有承受電壓，但若流通時間變動快速的高頻電流，線圈承受的電壓就會變大。換言之，L所帶來的影響會根據電流的狀態而異，讓情況變得更為麻煩複雜。

同樣地，接著討論電容量C的電容器。假設電容極板上的電荷為$\pm q(t)$，則電容器承受的電壓$v_c(t)$記為

$$v_C(t) = \frac{q}{C}$$

然後，電容器在時間t和$t+dt$之間流入的電荷dq，可用電流i寫成idt，所以下式成立：

$$i(t) = \frac{dq}{dt}$$

換言之，當流通正負劇烈振盪的高頻電流$i(t)$，電容器幾乎不會儲存電荷，承受的電壓幾乎總是為零。

另一方面，當流通直流電，充飽電後就瞬間阻斷電流，呈現宛若電阻∞的狀態。電容器變成猶如線圈一般，電流和電壓隨時間的變化不相同，根據電流變化的情況，C所帶來的影響也會跟著改變。

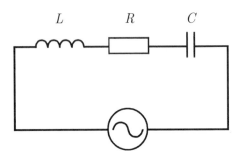

那麼，如上圖串聯麻煩複雜的線圈、電容器、電阻器，並施加角頻率w的交流電源$V(t) = V_0 \cos \omega t$。前面求出各元件所承受的部分電壓，相加後會等於電源電壓，得到

$$L\frac{d^2q}{dt^2} + R\frac{dq}{dt} + \frac{q}{C} = V_0 \cos \omega t \cdots\cdots ①$$

然後，根據電荷和電流的關係，使用$i = \dfrac{dq}{dt}$、$\dfrac{di}{dt} = \dfrac{d^2q}{dt^2}$整理成$q(t)$的函數。串聯電路中各元件的流通電流相同，變數僅有時間t，會是單變數的二階微分方程式，可用第4章學到的知識求解。「但是，感覺很複雜……」內心還是會感到排斥吧。

此時，複數就能夠帶來幫助，電源的電壓、電流、電容器的電荷可分別如下表示：

$$
\begin{aligned}
v_c(t) &= V_0 e^{i\omega t} = V(\omega) e^{i\omega t} \\
i_c(t) &= I_0(\omega) e^{i\omega t} \\
q_c(t) &= Q_0(\omega) e^{i\omega t}
\end{aligned}
$$

下標C跟簡諧運動時一樣用來表示複數，而實數的部分則表示實際的電壓、電流。

這邊將I_0、Q_0列為w的函數，以便因應電流、電容器儲存的電荷會因交流電壓的頻率而變。

然後，$i_C(t)$、$q_C(t)$隨時間的變化可能與$v_C(t)$不相同，但變化的頻率肯定相同，以e^{iwt}表示隨時間變化的項目，相位差以複數表達成$I_0(w)$、$Q_0(w)$。那麼，將這些式子代入前面的式①，得到

$$\frac{di_C(t)}{dt} = \frac{d^2q(t)}{dt^2} = i\omega I_0(\omega)e^{i\omega t}$$

$$\frac{dq_C(t)}{dt} = i\omega Q_0(\omega)e^{i\omega t} = I_0(\omega)e^{i\omega t}$$

$$Q_0(\omega)e^{i\omega t} = \frac{1}{i\omega}I_0(\omega)e^{i\omega t}$$

所以，

$$i\omega L I_0(\omega)e^{i\omega t} + R I_0(\omega)e^{i\omega t} + \frac{1}{i\omega C}I_0(\omega)e^{i\omega t} = V(\omega)e^{i\omega t} \ (= V_0 e^{i\omega t})$$

左式各項分別是線圈、電阻器、電容器所承受電壓的複數。
各元件取電壓和電流的複變振幅比，得到

$$Z_L(\omega) = \frac{i\omega L I_0(\omega)}{I_0(\omega)} = i\omega L = \omega L e^{i\frac{\pi}{2}}$$

$$Z_R(\omega) = \frac{R I_0(\omega)}{I_0(\omega)} = R$$

$$Z_C(\omega) = \frac{I_0(\omega)/i\omega C}{I_0(\omega)} = \frac{1}{i\omega C} = \frac{-i}{\omega C} = \frac{1}{\omega C}e^{-i\frac{\pi}{2}}$$

其中，$Z_L(w)$、$Z_R(w)$、$Z_C(w)$稱為各元件的「阻抗」。將電阻轉為一般式，以便應用於線圈、電容器。

阻抗會是含有複數的w函數。由w的函數可知，即便是相同的線圈、電容器，承受的部分電壓也會因交流電源的頻率而變。

然後，如下圖所示，各參數隨著時間推移在複數平面旋轉時，由這些值的複數可知相位不一樣。

v_L的相位會比v_R快$\dfrac{\pi}{2}$，v_C的相位則會比v_R慢$\dfrac{\pi}{2}$，由圖形不難理解相位有所不同。

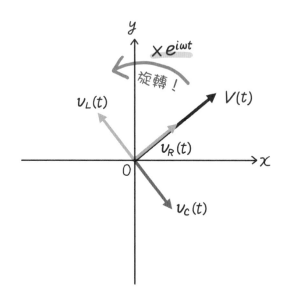

阻抗是電阻的擴張概念，歐姆定律$V = RI$可直接改寫成$V = ZI$。即便串聯或者並聯許多線圈、電阻器、電容器，只要算出合成阻抗（合成電阻的擴張概念），就可求得各元件承受的電壓、流通的電流。不管遇到什麼電路，都沒有問題！

【參考】
電力的**相位（相位差）**是指波形的偏移情況，以向量間的角度來表示。
下圖是「相位不同、最大值也不同的旋轉向量情況」。

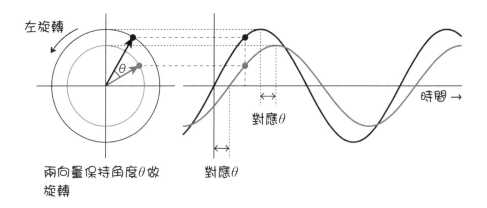

左旋轉

θ

兩向量保持角度θ做
旋轉

對應θ

對應θ

時間 →

如果沒有電學的相關知識，可能會不太好理解～
這邊的重點是，藉由導入**複數**，**也可用數學式表示相位**。

我們可透過複數列出「考慮相位的數學式」，將具有相位差或
是處理起來複雜的問題，不斷轉換成數學式來計算。

嗯哼，之前對「複數」只是懵懵懂懂，不曉得該用在什麼地方
才對……但現在清楚知道，它是能夠簡化計算的劃時代概念，
對學習物理帶來幫助，**非常便利的工具**！

我原本是來當家庭教師的，

想說……如果有什麼可以幫忙的……

……

也好。都講到最後了。

就跟學長說說我的事情。

上次學長問過為什麼我會這麼瞭解物理數學嘛。

話說回來，那個～為什麼妳會這麼瞭解物理數學呢？

還有，妳上次說的**不擅長的東西**……

瞭解的契機是，

朋表姐給我的一本書。

來，送妳聖誕禮物～！

怦然心動！宇宙的不可思議

喔……

感覺櫻妹妹會喜歡這樣的書～♪

沉浸其中

在不知不覺中，我的夢想變成「**成為太空人**」，

愛上宇宙，也對物理開始感興趣……

於是開始學習物理數學。

但是……

沒過多久，我就遇到挫折了。

242　尾聲

應徵條件
（1）具備日本國籍。
（2）具備大學以上的學歷（自然科學系※）
　　　※理學系、工學系、醫學系、牙醫學系、藥學系、農學系等
（3）具備自然科學相關研究、設計、開發、製造、運用等3年以上的實務經驗（2008年6月20日截止）
　　　（另外，碩士學位、博士學位分別等同具備1年、3年的實務經驗。）
（4）對於太空人的訓練課程、廣泛範圍的太空飛行活動，具備圓滑且靈活的應對能力（科學知識、技術等）
（5）具備訓練所需的游泳能力（以泳衣、著衣游泳75m：25m×3趟，且能夠直立浮出水面10分鐘）
（6）作為國際太空隊的一員進行訓練，具備可圓滑溝通意思的英語能力
（7）能夠適應宇宙太空人的訓練活動、長期滯留宇宙等，具備以下的醫學、心理學特質。

截自日本〈平成20年　國際太空站搭乘　候補太空人招募要點〉
http://iss.jaxa.jp/astro/selec2008/pdf/bosyuyoko.pdf
註：本書刊載內容與現行條件有所不同。

……咦？

嗯……

意思是一定要會游泳？

點頭

沮喪

感到有點不放心。

啊！

那麼，之前說不擅長的東西……

沒錯！

啪沙！

該不會是「波」……？

雖然我對波形的計算有興趣，

但非——常不擅長面對**現實的波浪**。

打擊！

一到海邊或泳池游泳，腦袋就會變得一片空白！

嗚哇～～！！

……啊，那個～

而且，就現實而言，太空人考試非常困難……

成為太空人的可能性根本是趨近於0——！！

嗚………………………

真是的。

嗚

——無窮趨近0但卻不是0。

妳不是說過，正因為有微小的可能性，才具有更重要的意義嗎？

說、說的也是。原來如此……

這麼一說，也存在著這樣的可能性嘛。

怎麼可以放棄呢？請回想一下微積分的極限。

妳瞧！

正因為是「無窮趨近0但卻不是0的無窮小」……才在數學上具有非常重要的意義……

滴咕 滴咕
滴咕

那個……

247

然後，下次請教我怎麼游泳。

萬事拜託了，深谷老師！

請、請別叫我老師～

太令人害羞！

哎——

但是，深谷學長本來就是要來當家庭老師的啊～！！

噗——

然後，兩人的學習——

將會繼續下去♪

更進一步學習

本書僅講解一小部分物理學使用的數學，淺談各個領域的概論內容。若閱讀後產生「想要進一步學習數學、享受物理學！」的念頭，不妨翻閱以下更專門的教科書、參考書：

▶和達 三樹《物理入門コース 新裝版 物理のための数学》岩波書店

針對理工學系運用的數學，盡可能簡潔講解的入門書。在坊間的物理數學教科書中，內容最為平易近人，且能夠感受到物理與數學的連結。

▶九保 健、打波 守《応用から学ぶ 理工学のための基礎数学》培風館

大量舉出有關物理學的應用例題，同時也有精闢講解數學內容的物理數學入門書。數學方面的議論比本書更為深入，且收錄有大量的練習問題。

▶三井 敏之、山崎 了《日評ベーシック. シリーズ 物理数学－ベクトル解析. 複素解析. フーリエ解析》日本評論社

本書未深入解說的複變分析、傅立葉分析，此入門書會帶領讀者從頭學習，尤其會簡單地說明初學者在這些領域易摸不著頭緒的基礎。

▶後藤 憲一、山本 邦夫、神吉 健 共編《詳解 物理応用数学演習》共立出版

就物理學用的數學參考書而言，書籍收錄有廣泛領域的內容。分量豐富，不須要求解全部問題，可根據自己感興趣的物理現象，確實練習相關領域的問題，肯定能夠大幅提升熟練度。物理數學深耕到最後，請一定要挑戰這本書看看。

索 引

253

Note

國家圖書館出版品預行編目資料

世界第一簡單物理數學 / 馬場彩著 ; 衛宮紘
譯. -- 初版. -- 新北市 : 世茂出版有限公司,
2022.07
　　面 ;　公分(科學視界 ; 269)
　　譯自 : マンガでわかる物理数学
　　ISBN 978-986-5408-96-1(平裝)

　1.CST: 物理數學

331.5　　　　　　　　111006786

科學視界269

世界第一簡單物理數學

作　　者 / 馬場彩
審　　訂 / 林秀豪
作　　畫 / 河村万理
製　　作 / オフィスsawa
譯　　者 / 衛宮紘
主　　編 / 楊鈺儀
責任編輯 / 陳美靜
出 版 者 / 世茂出版有限公司
地　　址 / (231)新北市新店區民生路19號5樓
電　　話 / (02)2218-3277
傳　　真 / (02)2218-3239（訂書專線）
劃撥帳號 / 19911841
戶　　名 / 世茂出版有限公司
　　　　　　單次郵購總金額未滿500元（含），請加80元掛號費
世茂網站 / www.coolbooks.com.tw
排版製版 / 辰皓國際出版製作有限公司
印　　刷 / 世和彩色印刷股份有限公司
初版一刷 / 2022年7月
　　二刷 / 2023年10月

ＩＳＢＮ / 978-986-5408-96-1
定　　價 / 360元